WÄRMESPANNUNGEN

INFOLGE STATIONÄRER TEMPERATURFELDER

VON

ERNST MELAN UND HEINZ PARKUS

DIPL. ING. DR. TECHN.
O. PROFESSOR AN DER TECHNISCHEN HOCH-
SCHULE IN WIEN, WIRKL. MITGLIED DER
ÖSTERR. AKADEMIE DER WISSENSCHAFTEN

DIPL. ING. DR. TECHN.
PROFESSOR AM MICHIGAN STATE COLLEGE,
EAST-LANSING, MICH., USA.

MIT 30 TEXTABBILDUNGEN

SPRINGER-VERLAG WIEN GMBH

1953

ALLE RECHTE, INSBESONDERE DAS DER ÜBERSETZUNG
IN FREMDE SPRACHEN, VORBEHALTEN

OHNE AUSDRÜCKLICHE GENEHMIGUNG DES VERLAGES IST ES AUCH NICHT GESTATTET,
DIESES BUCH ODER TEILE DARAUS AUF PHOTOMECHANISCHEM WEGE
(PHOTOKOPIE, MIKROKOPIE) ZU VERVIELFÄLTIGEN

COPYRIGHT 1953 BY SPRINGER-VERLAG WIEN
URSPRÜNGLICH ERSCHIENEN BEI SPRINGER-VERLAG IN VIENNA 1953

ISBN 978-3-7091-3969-1   ISBN 978-3-7091-3968-4 (eBook)
DOI 10.1007/978-3-7091-3968-4

Vorwort.

Trotz der unzweifelhaften Wichtigkeit, welche Spannungen, die durch Temperaturänderungen hervorgerufen werden, in der Praxis besitzen, gibt es bislang keine zusammenfassende Darstellung der Theorie derselben. Wohl finden sich in verschiedenen Lehrbüchern der Elastizitätstheorie mehr oder minder umfangreiche Abschnitte über Wärmespannungen oder auch nur Hinweise und Beispiele; der überwiegende Teil der Untersuchungen ist aber in zahlreichen Einzelveröffentlichungen über viele Zeitschriften verstreut. Wenn daher im folgenden der Versuch unternommen wird, eine einheitliche und zusammenfassende Theorie der Wärmespannungen zu geben, so glauben die beiden Autoren durch ihre Arbeit eine Lücke geschlossen zu haben.

Im vorliegenden Band sind ausschließlich stationäre Temperaturfelder unter der Annahme der klassischen Theorie der Elastizität, also einem linearen Zusammenhang zwischen Spannungen und Verzerrungen untersucht. Die Unabhängigkeit der elastischen und thermischen Materialkonstanten von der Temperatur wurde vorausgesetzt.

Die Verfasser wollen diesem Buch ein weiteres folgen lassen, das die nichtstationären Temperaturfelder behandelt und auch einiges über elastisch-plastische Spannungszustände bringt.

Die beiden Verfasser danken dem Verlag für das Entgegenkommen, das er ihren Wünschen gegenüber bewiesen hat und für die sorgfältige Ausstattung des Buches.

Wien und East-Lansing, Michigan, im August 1953.

E. Melan und H. Parkus.

Inhaltsverzeichnis.

	Seite
I. Die Grundgesetze der Wärmeleitung	1
1. Die Differentialgleichung der Wärmeleitung	1
2. Die Anfangs- und Randbedingungen	2
3. Bemerkungen zur Lösung der Wärmeleitungsaufgaben	2
II. Die thermisch-elastischen Grundgleichungen	3
1. Der Spannungs- und Verzerrungszustand	3
2. Die thermisch-elastischen Verschiebungsgleichungen	6
3. Das thermisch-elastische Verschiebungspotential	7
III. Spannungsfreie Temperaturfelder	9
1. Das räumliche Problem	9
2. Spannungsfreie ebene Temperaturfelder	9
IV. Systeme aus dünnen Stäben	13
1. Das Prinzip der virtuellen Verschiebungen für Systeme aus dünnen Stäben	13
2. Die Verformung eines Stabelements infolge einer Temperaturänderung	16
3. Statisch bestimmte Systeme	16
4. Statisch unbestimmte Systeme	17
5. Verschiebungen der Knoten eines Fachwerkes	20
6. Ein Beispiel	20
V. Wärmespannungen infolge zweidimensionaler Temperaturfelder	22
1. Der ebene Verzerrungszustand	22
2. Der ebene Spannungszustand	24
3. Wärmespannungen in Scheiben mit Wärmeabgabe an den Oberflächen	27
VI. Beispiele zu Abschnitt V	29
1. Wärmespannungen bei einem ebenen Verzerrungszustand eines dicken Rohres	
2. Wärmespannungen im dickwandigen Rohr bei nicht axialsymmetrischer, stationärer Temperaturverteilung	
3. Wärmespannungen in einer Kreisringscheibe	
4. Wärmespannungen einer vollen Kreisscheibe infolge einer Wärmequelle im Mittelpunkt	37
5. Wärmespannungen in der Halbebene infolge einer Wärmequelle im Abstand a vom Rand	38
6. Wärmespannungen in einer Kreisscheibe bei konstanter Temperatur des Randes $r = b$ und Wärmeverlusten an der Oberfläche	42
7. Der geschlossene Kreisring mit Wärmezufuhr am inneren Rand bei Wärmeverlust an den Oberflächen	44
8. Wärmespannungen in einer unendlichen Scheibe mit einem kreisförmigen Loch bei Wärmezufuhr längs des Lochrandes und bei Wärmeverlust an den Oberflächen	47

Inhaltsverzeichnis

Seite

    9. Wärmespannungen in einer vollen Kreisscheibe, deren mittlerer Teil auf der Temperatur T gehalten wird 47
   10. Wärmespannungen in einer Kühlrippe 51
   11. Wärmespannungen in einem Streifen von unendlicher Länge, bei welchem ein Querschnitt auf der Temperatur T_0 gehalten wird, mit Wärmeverlusten an den Oberflächen 52

VII. Wärmespannungen in Platten 56
    1. Allgemeine Theorie 56
    2. Die Platte unter dem Einfluß von Randkräften und Randmomenten 60
    3. Die Randbedingungen einer Platte 60
    4. Die rechteckige Platte mit gegebener Oberflächentemperatur 62
    5. Platten mit einer wärmespendenden Schicht 67

VIII. Wärmespannungen in Umdrehungskörpern infolge eines axialsymmetrischen Temperaturfeldes 70
    1. Die thermisch-elastischen Gleichungen 70
    2. Wärmespannungen im Halbraum infolge einer Wärmequelle an der Oberfläche 74
    3. Wärmespannungen in einem von einer Flüssigkeit durchströmten Rohr 76
    4. Wärmespannungen in einem dickwandigen Rohr, dessen Mantelflächen auf gegebenen Temperaturen gehalten werden 85

IX. Axialsymmetrische Wärmespannungen in dünnen Rotationsschalen .. 89
    1. Die Gleichungen der lastfreien, wärmebeanspruchten Rotationsschale 89
    2. Sonderfälle 92
    3. Die Zylinderschale mit an den Mantelflächen vorgegebener Temperaturverteilung 93
    4. Die Randbedingungen 95
    5. Spezielle Temperaturverteilungen 96
    6. Ein Beispiel 97

X. Wärmespannungen in Körpern mit Einschlüssen 98
    1. Allgemeines 98
    2. Wärmespannungen in einer unendlichen Scheibe mit rechteckigem Einschluß 99
    3. Wärmespannungen im Halbraum mit kugeligem Einschluß 101

Anhang: Tabelle der elastischen und thermischen Konstanten einiger technisch wichtiger Stoffe 105

Literaturverzeichnis 109

I. Die Grundgesetze der Wärmeleitung[1].

1. Die Differentialgleichung der Wärmeleitung. Die Theorie der Wärme lehrt, daß in einem Punkte eines Körpers mit den rechtwinkeligen kartesischen Koordinaten x, y, z zur Zeit t eine Temperatur $T(x,y,z,t)$ herrscht, die durch die partielle Differentialgleichung

$$\frac{\partial T}{\partial t} = a\,\Delta T + \frac{W}{c\gamma} \tag{I, 1}$$

beschrieben ist. Das Symbol Δ bedeutet hierin den LAPLACEschen Operator, der in den benützten Koordinaten die Form

$$\Delta T = \frac{\partial^2 T}{\partial x^2} + \frac{\partial^2 T}{\partial y^2} + \frac{\partial^2 T}{\partial z^2} \tag{I, 2}$$

hat. Das spezifische Gewicht ist mit γ, die spezifische Wärme — d. i. jene Wärmemenge, die notwendig ist, die Temperatur der Gewichtseinheit um $1°$ zu erhöhen — mit c bezeichnet. a bedeutet die Temperaturleitfähigkeit oder Temperaturleitzahl des Materials; sie ist durch den Quotienten

$$a = \frac{\lambda}{c\gamma}, \tag{I, 3}$$

worin λ *die Wärmeleitfähigkeit* vorstellt, definiert. λ setzt die durch ein Flächenelement dF mit der Normalen n während der Zeit dt durchfließende Wärmemenge dq mit dem Temperaturgradienten $\partial T/\partial n$ in Beziehung; es gilt

$$dq = -\lambda \frac{\partial T}{\partial n} dF\,dt. \tag{I, 4}$$

Wir wollen uns nur mit *thermisch isotropen* und homogenen Körpern befassen, bei welchen λ weder von der Richtung noch vom Ort abhängig ist. Überdies machen wir die nur näherungsweise gültige Annahme, daß λ sowie c auch von der Temperatur nicht abhängen, also Konstante vorstellen. Bei nicht zu großen Temperaturunterschieden ist diese vereinfachende Annahme statthaft. W bedeutet die Wärmemenge, die je Zeit- und Volumseinheit von einer im Innern eines Volumselements liegenden Wärmequelle produziert wird. Ein solches Volumselement dV liefert demnach während der Zeit dt die Wärmemenge $W\,dV\,dt$.

---

[1] CARSLAW and JAEGER, FÜRTH, GRÖBER und ERK, JAKOB, TEN BOSCH.

Ist die Temperaturverteilung von der Zeit unabhängig, also nur eine Ortsfunktion, so spricht man von einem stationären Temperaturzustand oder einem stationären Temperaturfeld. Die Gl. (I, 1) reduziert sich dann auf die POISSONsche Gleichung der Potentialtheorie

$$\frac{W}{\lambda} + \Delta T = 0. \qquad (I, 5)$$

In denjenigen Teilen eines Körpers, die frei von Wärmequellen sind, wo also $W = 0$ ist, gilt bei stationärer Temperaturverteilung die LAPLACEsche Gleichung

$$\Delta T = 0. \qquad (I, 6)$$

2. Die Anfangs- und Randbedingungen. Die gesuchte Temperaturverteilung ist durch die Gl. (I, 1) bzw. (I, 5) und (I, 6) allein noch nicht bestimmt. Zu den beiden letztgenannten Gleichungen muß eine *räumliche Grenzbedingung*, zu Gl. (I, 1) überdies noch eine *zeitliche oder Anfangsbedingung* hinzukommen. Diese Anfangsbedingung besteht in der Angabe der Temperaturverteilung zur Zeit $t = 0$. Die Anfangsverteilung kann eine beliebig vorgegebene stetige oder auch unstetige Ortsfunktion $T(x, y, z, 0) = f(x, y, z)$ sein.

Die räumliche Grenzbedingung oder Randbedingung besteht in der Angabe der Einwirkung der Umgebung des Körpers auf dessen Oberfläche. Das Gesetz dieser Einwirkung muß in jedem Zeitpunkt $t > 0$ bekannt sein. Am einfachsten ist es, wenn Temperaturwerte T_0 an der Oberfläche als Funktion des Ortes und der Zeit vorgegeben sind. Es kann aber auch der Wärmestrom, d. i. die nach Gl. (I, 4) je Zeit- und Flächeneinheit der Oberfläche zu- oder abfließende Wärmemenge als Orts- und Zeitfunktion gegeben sein. Endlich kann als allgemeinste, aber auch am schwierigsten mathematisch zu behandelnde Randbedingung die Temperatur der Umgebung θ sowie das Gesetz des Wärmeaustausches zwischen der Körperoberfläche und der Umgebung gegeben sien. Um zu mathematisch bewältigbaren Formulierungen zu kommen, benützt man eine Näherungsformel, die als die NEWTONsche *Abkühlungsbedingung* bezeichnet wird. Nach derselben ist der Temperaturgradient an der Oberfläche proportional dem Temperaturunterschied zwischen der Umgebungstemperatur und der Temperatur an der Körperoberfläche, also

$$\left(\frac{\partial T}{\partial n}\right)_0 = \frac{k}{\lambda}(\theta - T_0). \qquad (I, 7)$$

Man nennt k/λ häufig *relative Wärmeübergangszahl* und k *Wärmeübergangszahl*.

3. Bemerkungen zur Lösung der Wärmeleitungsaufgaben. Bezüglich der Lösung der partiellen Differentialgleichungen (I, 1,) (I, 5) und (I, 6) muß auf die einschlägige Literatur verwiesen werden. Neben der Methode, durch Überlagerung partikulärer Integrale — sei es durch Reihenbildung oder durch Integration über Parameter, die in den Lösungen auftreten — sich hinreichend allgemeine Lösungen zu beschaffen, die den Anfangs- und Randbedingungen genügen, kommt für nichtstationäre Vorgänge noch das sehr brauchbare Hilfsmittel der LAPLACE-Transformation[1] in Betracht. Letztere bietet den Vorteil, daß die Anfangsbedingungen direkt in die Lösung eingehen. Zweidimensionale stationäre Probleme können, wie alle ebenen Potentialaufgaben, mittels der Methode der konformen Abbildung gelöst werden[2]. Schließlich können sich bei verwickelten Aufgaben, bei denen eine analytische Lösung unmöglich ist, numerische und graphische Verfahren als geeignet erweisen[3]. Hier sei nur auf den Ersatz der Differentialgleichung durch ein System von Differenzengleichungen und deren Lösung mittels der Relaxationsmethode hingewiesen[4]. Für den eindimensionalen instationären Fall sind besondere Rechenformulare ausgearbeitet worden[3]. Besonders vorteilhaft ist aber hier ein graphisches Verfahren von E. SCHMIDT[3, 5].

II. Die thermisch-elastischen Grundgleichungen.

1. Der Spannungs- und Verzerrungszustand.

Wir beschränken uns im folgenden auf die Wiedergabe der wichtigsten Tatsachen der Elastizitätslehre, soweit wir dieselben für die weiteren Untersuchungen benötigen, und verweisen insbesondere den Leser, der mit dem Gegenstand weniger vertraut ist, auf die ausführlichen Darstellungen in verschiedenen Lehrbüchern[6].

Wir bezeichnen die Normal- und Schubspannungen, die auf die Seitenflächen eines unendlich kleinen, nach den Koordinatenrichtungen orientierten rechtwinkeligen Parallelepipedes wirken, mit (s. Abb. 1)

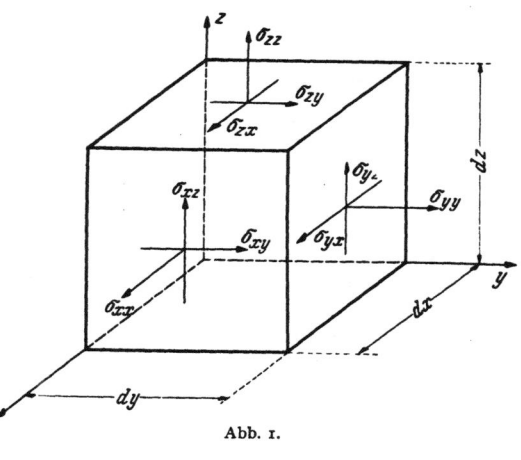

Abb. 1.

$\sigma_{xx}\ \sigma_{xy}\ \sigma_{xz}$ am Flächenelement $dy \cdot dz$ angreifend,
$\sigma_{yx}\ \sigma_{yy}\ \sigma_{yz}$,, ,, $dz \cdot dx$,, ,
$\sigma_{zx}\ \sigma_{zy}\ \sigma_{zz}$,, ,, $dx \cdot dy$,, .

---

[1] DOETSCH.
[2] BETZ, KOBER.
[3] DUSINBERRE.
[4] SOUTHWELL.
[5] JAKOB.
[6] Z. B. TIMOSHENKO-GOODIER, sowie E. TREFFTZ: Hdb. d. Physik, Bd. VI, S. 47. Berlin 1928.

Dabei gilt
$$\sigma_{xy} = \sigma_{yx}, \quad \sigma_{yz} = \sigma_{zy}, \quad \sigma_{zx} = \sigma_{xz}$$
und die Gleichgewichtsbedingungen verlangen weiters bei Fehlen von Massenkräften
$$\frac{\partial \sigma_{xx}}{\partial x} + \frac{\partial \sigma_{yx}}{\partial y} + \frac{\partial \sigma_{zx}}{\partial z} = 0,$$
$$\frac{\partial \sigma_{xy}}{\partial x} + \frac{\partial \sigma_{yy}}{\partial y} + \frac{\partial \sigma_{zy}}{\partial z} = 0,$$
$$\frac{\partial \sigma_{xz}}{\partial x} + \frac{\partial \sigma_{yz}}{\partial y} + \frac{\partial \sigma_{zz}}{\partial z} = 0,$$
oder kürzer geschrieben
$$\sum_k \frac{\partial \sigma_{ki}}{\partial k} = 0, \quad i, k = x, y, z, \tag{II, 1}$$

Die Verformung eines Körpers ist durch die Verschiebungen
$$u_x, \quad u_y, \quad u_z$$
parallel zu den Achsenrichtungen gegeben. Die Dehnungen sind dann durch die Ableitungen
$$\varepsilon_{xx} = \frac{\partial u_x}{\partial x}, \quad \varepsilon_{yy} = \frac{\partial u_y}{\partial y}, \quad \varepsilon_{zz} = \frac{\partial u_z}{\partial z}$$
und die Gleitungen
$$2\varepsilon_{xy} = \frac{\partial u_y}{\partial x} + \frac{\partial u_x}{\partial y}, \quad 2\varepsilon_{yz} = \frac{\partial u_z}{\partial y} + \frac{\partial u_y}{\partial z}, \quad 2\varepsilon_{zx} = \frac{\partial u_x}{\partial z} + \frac{\partial u_z}{\partial x}$$
$$\tag{II, 2}$$
oder
$$2\varepsilon_{ik} = 2\varepsilon_{ki} = \frac{\partial u_k}{\partial i} + \frac{\partial u_i}{\partial k} \tag{II, 3}$$
gegeben.

Die Verzerrungen ε_{ik} können nicht willkürlich vorgegeben sein, da sie nach den Gleichungen (II, 3) Funktionen der drei Größen u_x, u_y und u_z sind. Es bestehen zwischen ihnen Differentialbeziehungen, Kompatibilitätsgleichungen genannt, die wir im folgenden öfters verwenden werden und welche die Form haben

$$\frac{\partial^2 \varepsilon_{xx}}{\partial y^2} + \frac{\partial^2 \varepsilon_{yy}}{\partial x^2} = 2\frac{\partial^2 \varepsilon_{xy}}{\partial x \partial y}, \quad \frac{\partial^2 \varepsilon_{xx}}{\partial y \partial z} = \frac{\partial}{\partial x}\left[-\frac{\partial \varepsilon_{yz}}{\partial x} + \frac{\partial \varepsilon_{zx}}{\partial y} + \frac{\partial \varepsilon_{xy}}{\partial z}\right],$$
$$\frac{\partial^2 \varepsilon_{yy}}{\partial z^2} + \frac{\partial^2 \varepsilon_{zz}}{\partial y^2} = 2\frac{\partial^2 \varepsilon_{yz}}{\partial y \partial z}, \quad \frac{\partial^2 \varepsilon_{yy}}{\partial z \partial x} = \frac{\partial}{\partial y}\left[-\frac{\partial \varepsilon_{zx}}{\partial y} + \frac{\partial \varepsilon_{xy}}{\partial z} + \frac{\partial \varepsilon_{yz}}{\partial x}\right], \tag{II, 4}$$
$$\frac{\partial^2 \varepsilon_{zz}}{\partial x^2} + \frac{\partial^2 \varepsilon_{xx}}{\partial z^2} = 2\frac{\partial^2 \varepsilon_{zx}}{\partial z \partial x}, \quad \frac{\partial^2 \varepsilon_{zz}}{\partial x \partial y} = \frac{\partial}{\partial z}\left[-\frac{\partial \varepsilon_{xy}}{\partial z} + \frac{\partial \varepsilon_{yz}}{\partial x} + \frac{\partial \varepsilon_{zx}}{\partial y}\right].$$

Tritt in einem Körper die *Temperaturänderung* T auf, so wird ein Längenelement ds die neue Länge $(1 + \alpha T)\,ds$ erhalten, wenn sich die einzelnen Volumselemente bei der Ausdehnung nicht etwa behindern und wenn also keine *Wärmespannungen* hervorgerufen werden. α heißt der *Wärmeausdehnungskoeffizient*. Ist der Körper *isotrop* und *homogen*, so wird α weder von der Richtung von ds noch vom Ort abhängig sein. Nehmen wir überdies noch an, daß α auch temperaturunabhängig ist, so ist es eine Konstante. Obwohl die Annahme eines konstanten α in der Wirklichkeit nur mit mehr oder minder großer Annäherung zutrifft, wollen wir sie doch wegen der damit verbundenen Vereinfachung der Rechnung treffen.

Unter diesen Voraussetzungen bleibt ein ursprünglich rechtwinkeliges, unendlich kleines Parallelepiped trotz Temperaturänderungen rechtwinkelig. Die Dehnungen sind nach allen Richtungen gleich groß. Es gilt also

$$\begin{aligned}\varepsilon_{xx} = \varepsilon_{yy} = \varepsilon_{zz} = \alpha\, T, \\ \varepsilon_{xy} = \varepsilon_{yz} = \varepsilon_{zx} = 0.\end{aligned} \quad \text{(II, 5)}$$

In der Regel wird aber die Volumsänderung der einzelnen Teilchen des Körpers nicht ohne gegenseitige Behinderung möglich sein. Es werden dann die Wärmespannungen

$$\sigma_{ik} \quad (i,\, k = x,\, y,\, z)$$

auftreten, die ihrerseits zusätzliche Dehnungen und Gleitungen zur Folge haben werden. Durch diese Spannungen allein werden nach der klassischen Theorie der Elastizität die Dehnungen und Gleitungen

$$\left.\begin{aligned}\varepsilon_{xx} &= \frac{1}{2G}\left(\sigma_{xx} - \frac{\mu}{1+\mu}s\right), & \varepsilon_{xy} &= \frac{\sigma_{xy}}{2G}, \\ \varepsilon_{yy} &= \frac{1}{2G}\left(\sigma_{yy} - \frac{\mu}{1+\mu}s\right), & \varepsilon_{yz} &= \frac{\sigma_{yz}}{2G}, \\ \varepsilon_{zz} &= \frac{1}{2G}\left(\sigma_{zz} - \frac{\mu}{1+\mu}s\right), & \varepsilon_{zx} &= \frac{\sigma_{zx}}{2G}\end{aligned}\right\} \quad \text{(II, 6)}$$

hervorgerufen. Dabei bedeutet G den *Schubmodul*, μ das *Verhältnis zwischen Quer- und Längsdehnung*, dessen Wert stets zwischen 0 und $^1/_2$ liegen muß. $1/\mu$ heißt die POISSONsche *Konstante*. Unter s ist die Summe der Normalspannungen

$$s = \sigma_{xx} + \sigma_{yy} + \sigma_{zz}$$

zu verstehen. Die gesamten Dehnungen setzen sich aus den durch die Temperatur nach Gl. (II, 5) und den sich durch die Spannungen ergebenden Anteilen nach Gl. (II, 6) zusammen, und man erhält

$$\left.\begin{aligned}\varepsilon_{xx} &= \frac{1}{2G}\left(\sigma_{xx} - \frac{\mu}{1+\mu}s\right) + \alpha\, T, \\ \varepsilon_{yy} &= \frac{1}{2G}\left(\sigma_{yy} - \frac{\mu}{1+\mu}s\right) + \alpha\, T, \\ \varepsilon_{zz} &= \frac{1}{2G}\left(\sigma_{zz} - \frac{\mu}{1+\mu}s\right) + \alpha\, T.\end{aligned}\right\}$$

Unter der Verwendung des Symbols δ_{ik}, welches durch

$$\begin{aligned}\delta_{ik} &= 0 \quad \text{für} \quad i \neq k \\ \delta_{ik} &= 1 \quad \text{für} \quad i = k\end{aligned} \quad (i, k = x, y, z)$$

definiert ist, können diese Gleichungen kürzer, auch für die Gleitungen gültig

$$\varepsilon_{ik} = \frac{1}{2G}\left[\sigma_{ik} - \frac{\mu}{1+\mu} s \cdot \delta_{ik}\right] + \alpha\, T\, \delta_{ik} \qquad (II, 7)$$

geschrieben werden.

Der Vollständigkeit halber führen wir noch an, daß zwischen dem *Schubmodul G* und dem *Elastizitätsmodul E* (YOUNGS *Modul*) die Beziehung

$$2G = \frac{E}{(1+\mu)} \qquad (II, 8)$$

besteht. Aus den Gl. (II, 7) läßt sich durch Addition sofort eine Beziehung zwischen der Spannungssumme $s = \sigma_{xx} + \sigma_{yy} + \sigma_{zz}$ und der *Volumsdilatation* $e = \varepsilon_{xx} + \varepsilon_{yy} + \varepsilon_{zz}$

$$e = \frac{1-2\mu}{1+\mu} \cdot \frac{s}{2G} + 3\alpha T \qquad (II, 9)$$

ableiten.

2. Die thermisch-elastischen Verschiebungsgleichungen. In den Gl. (II, 7) kommen die sechs Spannungskomponenten σ_{ik} und die sechs Verzerrungsgrößen ε_{ik} vor; ersetzen wir letztere entsprechend den Gl. (II, 2) durch die Verschiebungen u_x, u_y und u_z, so enthalten die sechs Gl. (II, 7) noch neun Unbekannte. Als die drei fehlenden Gleichungen verwenden wir die Gleichgewichtsbeziehungen (II, 1), so daß also neun Gleichungen mit ebensoviel Unbekannten vorliegen. Wir werden im folgenden bestrebt sein, die Zahl der Gleichungen und Unbekannten zu verringern und schließlich auf ein Simultansystem von drei partiellen Differentialgleichungen mit den Verschiebungen als Unbekannten zu führen.

Zu diesem Zwecke bestimmen wir zunächst aus den Gl. (II, 7) σ_{ik} und erhalten

$$\sigma_{ik} = 2G\left[\varepsilon_{ik} + \frac{\mu}{1+\mu}\frac{s}{2G}\delta_{ik} - \alpha T \delta_{ik}\right] \quad (i, k = x, y, z).$$

Hierin ersetzen wir $\dfrac{\mu}{1+\mu}\dfrac{s}{2G}$ durch den sich aus der Gl. (II, 9) ergebenden Wert

$$\frac{\mu}{1+\mu} \cdot \frac{s}{2G} = (e - 3\alpha T)\frac{\mu}{1-2\mu}$$

und erhalten damit

$$\sigma_{ik} = 2G\left[\varepsilon_{ik} + \frac{\mu}{1-2\mu} e\, \delta_{ik} - \frac{1+\mu}{1-2\mu}\alpha T \delta_{ik}\right] \qquad (II, 10)$$

und daraus folgt

$$\frac{\partial \sigma_{ik}}{\partial k} = 2G\left[\frac{\partial \varepsilon_{ik}}{\partial k} + \frac{\mu}{1-2\mu}\frac{\partial e}{\partial k}\delta_{ik} - \frac{1+\mu}{1-2\mu}\alpha\frac{\partial T}{\partial k}\delta_{ik}\right].$$

Dieser Wert wird in die Gl. (II, 1) eingesetzt, die wir in der Form

$$\sum_k \frac{\partial \sigma_{ik}}{\partial k} = 0$$

schreiben. Nun wird nach Gl. (II, 2)

$$\varepsilon_{ik} = \frac{1}{2}\left[\frac{\partial u_k}{\partial i} + \frac{\partial u_i}{\partial k}\right]$$

und damit ergibt sich

$$\sum_k \frac{\partial \varepsilon_{ik}}{\partial k} = \frac{1}{2}\sum_k \frac{\partial^2 u_k}{\partial i\, \partial k} + \frac{1}{2}\sum_k \frac{\partial^2 u_i}{\partial k^2} = \frac{1}{2}\Delta u_i + \frac{1}{2}\frac{\partial e}{\partial i},$$

denn

$$\sum \frac{\partial^2 u_k}{\partial i\, \partial k} = \frac{\partial}{\partial i}\sum_k \frac{\partial u_k}{\partial k} = \frac{\partial}{\partial i}e$$

und

$$\sum_k \frac{\partial^2 u_i}{\partial k^2} = \frac{\partial^2 u_i}{\partial x^2} + \frac{\partial^2 u_i}{\partial y^2} + \frac{\partial^2 u_i}{\partial z^2} = \Delta u_i.$$

Die Summen $\frac{\mu}{1-2\mu}\sum \frac{\partial e}{\partial k}\delta_{ik}$ und $\frac{1+\mu}{1-2\mu}\alpha\sum \frac{\partial T}{\partial k}\delta_{ik}$ reduzieren sich aber wegen $\delta_{ik} = 0$ für $i \neq k$ und $\delta_{ik} = 1$ für $i = k$ auf die einzigen Glieder für $k = i$ und haben demnach die Werte

$$\frac{\mu}{1-2\mu}\frac{\partial e}{\partial i} \quad \text{bzw.} \quad \frac{1+\mu}{1-2\mu}\alpha \frac{\partial T}{\partial i}.$$

So erhalten wir für die Verschiebungen das System von drei partiellen Differentialgleichungen:

$$\Delta u_i + \frac{1}{1-2\mu}\frac{\partial e}{\partial i} - \frac{2(1+\mu)}{1-2\mu}\alpha \frac{\partial T}{\partial i} = 0 \quad (i = x, y, z). \tag{II, 11}$$

3. Das thermisch-elastische Verschiebungspotential. Sämtliche angeschriebene Gleichungen gelten selbstverständlich auch für $T = 0$ und gehen damit in die bekannten Gleichungen der Elastizitätstheorie über. Dazu treten noch Bedingungen an der Oberfläche des Körpers, an der entweder die Spannungen oder die Verschiebungen vorgegebene Werte annehmen müssen. Wir werden uns im folgenden eine Hauptlösung der Differentialgleichungen (II, 11) zu beschaffen versuchen und dann durch eine Überlagerung von geeigneten Lösungen der Gleichungen mit $T = 0$ eine Anpassung an die vorgegebenen Oberflächenwerte erstreben. Letzteres ist die Fundamentalaufgabe der Elastizitätstheorie, an deren Schwierigkeit die Lösung in vielen Fällen scheitert.

Um zu einer Hauptlösung von Gl. (II, 11) zu gelangen, versuchen wir für die Verschiebungen den Ansatz

$$u_i = \frac{\partial \Phi}{\partial i}, \tag{II, 12}$$

also

$$u_x = \frac{\partial \Phi}{\partial x}, \quad u_y = \frac{\partial \Phi}{\partial y}, \quad u_z = \frac{\partial \Phi}{\partial z}.$$

Damit wird
$$\Delta u_i = \frac{\partial}{\partial i} \Delta \Phi$$
und
$$e = \sum \frac{\partial^2 \Phi}{\partial i^2} = \Delta \Phi.$$
Dann lauten die Gl. (II, 11)
$$\frac{1-\mu}{1-2\mu} \frac{\partial \Delta \Phi}{\partial i} - \frac{1+\mu}{1-2\mu} \alpha \frac{\partial T}{\partial i} = 0.$$
Integriert man über i, so ergibt sich für Φ die POISSONsche Gleichung
$$\Delta \Phi = \frac{1+\mu}{1-\mu} \alpha T. \qquad (II, 13)$$

Man bezeichnet Φ als das *elastisch-thermische Verschiebungspotential*; seine Ableitungen nach den Koordinaten stellen unmittelbar die Verschiebungen vor. Für die Verzerrungen ergeben sich sodann nach den Gl. (II, 2)
$$\varepsilon_{ik} = \frac{\partial^2 \Phi}{\partial i \, \partial k},$$
also ausführlicher geschrieben
$$\left. \begin{array}{ll} \varepsilon_{xx} = \dfrac{\partial^2 \Phi}{\partial x^2}, & \varepsilon_{xy} = \dfrac{\partial^2 \Phi}{\partial x \, \partial y}, \\[6pt] \varepsilon_{yy} = \dfrac{\partial^2 \Phi}{\partial y^2}, & \varepsilon_{yz} = \dfrac{\partial^2 \Phi}{\partial y \, \partial z}, \\[6pt] \varepsilon_{zz} = \dfrac{\partial^2 \Phi}{\partial z^2}, & \varepsilon_{zx} = \dfrac{\partial^2 \Phi}{\partial z \, \partial x}. \end{array} \right\} \qquad (II, 14)$$

Die Spannungen folgen dann aus den Gl. (II, 10) mit
$$\sigma_{ik} = 2 G \left[\frac{\partial^2 \Phi}{\partial i \, \partial k} - \Delta \Phi \, \delta_{ik} \right],$$
also
$$\left. \begin{array}{ll} \sigma_{xx} = -2G \left[\dfrac{\partial^2 \Phi}{\partial y^2} + \dfrac{\partial^2 \Phi}{\partial z^2} \right], & \sigma_{xy} = 2G \dfrac{\partial^2 \Phi}{\partial x \, \partial y}, \\[6pt] \sigma_{yy} = -2G \left[\dfrac{\partial^2 \Phi}{\partial z^2} + \dfrac{\partial^2 \Phi}{\partial x^2} \right], & \sigma_{yz} = 2G \dfrac{\partial^2 \Phi}{\partial y \, \partial z}, \\[6pt] \sigma_{zz} = -2G \left[\dfrac{\partial^2 \Phi}{\partial x^2} + \dfrac{\partial^2 \Phi}{\partial y^2} \right], & \sigma_{zx} = 2G \dfrac{\partial^2 \Phi}{\partial z \, \partial x}. \end{array} \right\} \qquad (II, 15)$$

Es wäre nun ein Zufall, wenn diese Lösungen bereits die vorgeschriebenen Oberflächenwerte annehmen würden.

Wir hätten zwar für Φ eine Randbedingung vorschreiben können, es wäre aber nicht möglich, auch die beiden anderen zu erfüllen. Dies rührt daher, weil der Ansatz für u_i gemäß Gl. (II, 12) mit $T = 0$ nicht die allgemeinste Lösung der Elastizitätsgleichungen ist. Wir nehmen also auf die Randwerte bei der Lösung von (II, 13) keine Rücksicht; stimmen sie, was zu erwarten ist, mit den vorgeschriebenen nicht überein, so überlagern wir eine solche Lösung der Elastizitätsgleichungen mit $T = 0$, daß die vorgeschriebenen Oberflächenbedingungen erfüllt werden.

III. Spannungsfreie Temperaturfelder[1].

1. Das räumliche Problem. In diesem Abschnitt wollen wir uns im besonderen mit Temperaturfeldern befassen, die keine Spannungen hervorrufen. Die auftretenden Dehnungen sind dann allein durch die Temperatur bedingt; ein beliebiges Längenelement ds nimmt die neue Länge $ds\,(1 + \alpha\,T)$ an. Thermische Isotropie vorausgesetzt, ist dieser Ausdruck von der Richtung von ds unabhängig. Ein unendlich kleines Dreieck geht daher bei einer Temperaturänderung in ein ähnliches über und es treten keine Winkeländerungen auf. Es gilt also

$$\varepsilon_{xx} = \varepsilon_{yy} = \varepsilon_{zz} = \alpha\,T, \qquad \varepsilon_{xy} = \varepsilon_{yz} = \varepsilon_{zx} = 0. \tag{III, 1}$$

Setzt man diese Werte in die Kompatibilitätsgleichungen (II, 4) ein, so erhält man

$$\left.\begin{array}{l} \dfrac{\partial^2 T}{\partial x^2} + \dfrac{\partial^2 T}{\partial y^2} = 0, \quad \dfrac{\partial^2 T}{\partial y^2} + \dfrac{\partial^2 T}{\partial z^2} = 0, \quad \dfrac{\partial^2 T}{\partial z^2} + \dfrac{\partial^2 T}{\partial x^2} = 0, \\[6pt] \dfrac{\partial^2 T}{\partial x\,\partial y} = 0, \quad \dfrac{\partial^2 T}{\partial y\,\partial z} = 0, \quad \dfrac{\partial^2 T}{\partial z\,\partial x} = 0. \end{array}\right\} \tag{III, 2}$$

Dieses Gleichungssystem besitzt als einzige Lösung

$$T = a_0 + a_1\,x + a_2\,y + a_3\,z \tag{III, 3}$$

mit willkürlichen a_i. Da $\Delta T = 0$ ist, liegt ein stationärer Temperaturzustand vor.

2. Spannungsfreie ebene Temperaturfelder. Größeres Interesse bieten *ebene Temperaturfelder*, d. h. solche, die von einer Koordinate (z. B. der z-Koordinate) unabhängig sind. Sie treten in langen Zylindern oder in dünnen Scheiben auf.

Betrachten wir einen ebenen Verzerrungszustand, für welchen nach Abschn. V, 1

$$\varepsilon_{zz} = \varepsilon_{zx} = \varepsilon_{zy} = 0$$

ist, so muß, wenn die Spannungen σ_{xx}, σ_{xy} und σ_{yy} verschwinden sollen,

$$\varepsilon_{xx} = \varepsilon_{yy} = (1 + \mu)\,\alpha\,T, \quad \varepsilon_{xy} = 0$$

gelten. Dann sind aber, da T unabhängig von z ist, alle Kompatibilitätsbedingungen mit Ausnahme der ersten identisch erfüllt. Die erste liefert

$$\frac{\partial^2 T}{\partial x^2} + \frac{\partial^2 T}{\partial y^2} = 0. \tag{III, 4}$$

Es muß also, damit ein ebenes Temperaturfeld spannungsfrei bleibt, von der Spannung

$$\sigma_{zz} = -2\,G\,(1 + \mu)\,\alpha\,T$$

abgesehen, als notwendige, aber nicht hinreichende Bedingung eine stationäre und quellenfreie Temperaturverteilung vorliegen, wie dies die Gl. (I, 6) und (III, 4) verlangen.

---
[1] MUSHELIŠVILI, BIOT 1, 2, MELAN 1, 2.

Um zu hinreichenden Bedingungen zu gelangen, müssen wir den Verschiebungszustand betrachten. Werden mit u und v die Verschiebungen eines Punktes mit den Koordinaten x und y bezeichnet, so erhält dieser Punkt nach der Erwärmung die neuen Koordinaten

$$\xi = x + u, \quad \eta = y + v.$$

Da bei einer spannungsfreien Temperaturänderung ein unendlich kleines Dreieck in ein ähnliches übergeht, handelt es sich um eine winkeltreue oder konforme Zuordnung der ξ,η-Ebene und der xy-Ebene. Man kann also, wenn man die komplexen Veränderlichen

$$t = x + iy \quad \text{und} \quad \tau = \xi + i\eta$$

einführt,

$$\tau = \xi + i\eta = x + u + i(y + v) = t + \omega(t)$$

setzen, und es wird

$$\omega(t) = u(x, y) + i\,v(x\,y)$$

ebenfalls eine Funktion der komplexen Veränderlichen t. Daß es sich hierbei um eine analytische Funktion handelt, erkennt man sofort aus den Gleichungen

$$\varepsilon_{xx} = \varepsilon_{yy} = (1 + \mu)\,\alpha\,T, \quad \varepsilon_{xy} = 0.$$

Drückt man nämlich hierin gemäß Gl. (II, 2) die Dehnungen durch die Verschiebungen u und v aus, so erhält man die CAUCHY-RIEMANNschen Differentialgleichungen

$$\frac{\partial u}{\partial x} = \frac{\partial v}{\partial y}, \quad \frac{\partial u}{\partial y} = -\frac{\partial v}{\partial x}, \qquad \text{(III, 5)}$$

denen Real- und Imaginärteil einer analytischen Funktion einer komplexen Veränderlichen genügen müssen.

Wir können nun sofort eine weitere Bedingung für eine spannungsfreie Temperaturverformung angeben. Betrachten wir nämlich die mit der Verformung verbundene Drehung Ω eines beliebigen Elements um seine senkrecht zur xy-Ebene stehende Achse, so gilt nach den Lehren der Elastizitätstheorie

$$\Omega = \frac{1}{2}\left(\frac{\partial v}{\partial x} - \frac{\partial u}{\partial y}\right)$$

und für zwei Punkte $t = a$ und $t = b$ ist

$$\Omega(b) - \Omega(a) = \int_a^b \left(\frac{\partial \Omega}{\partial x}\,dx + \frac{\partial \Omega}{\partial y}\,dy\right).$$

Wegen

$$\left.\begin{aligned}\frac{\partial \Omega}{\partial x} &= \frac{1}{2}\left(\frac{\partial^2 v}{\partial x^2} - \frac{\partial^2 u}{\partial x\,\partial y}\right) = -\frac{\partial^2 u}{\partial x\,\partial y} = -(1+\mu)\,\alpha\,\frac{\partial T}{\partial y}, \\ \frac{\partial \Omega}{\partial y} &= \frac{1}{2}\left(\frac{\partial^2 v}{\partial x\,\partial y} - \frac{\partial^2 u}{\partial y^2}\right) = +\frac{\partial^2 v}{\partial x\,\partial y} = +(1+\mu)\,\alpha\,\frac{\partial T}{\partial x},\end{aligned}\right\} \quad \text{(III, 6)}$$

kann man hierfür aber auch schreiben

$$\Omega(b) - \Omega(a) = (1+\mu)\,\alpha\int_a^b\left(-\frac{\partial T}{\partial y}\,dx + \frac{\partial T}{\partial x}\,dy\right) = (1+\mu)\,\alpha\int_a^b \frac{\partial T}{\partial n}\,ds,$$

Spannungsfreie ebene Temperaturfelder.

wenn $\partial/\partial n$ die Ableitung in Richtung der Kurvennormalen des zwischen a und b gelegten Integrationsweges und s die Bogenlänge bedeutet. Läßt man nun b mit a zusammenfallen, so muß

$$\oint \frac{\partial T}{\partial n} ds = 0 \qquad (III, 7)$$

längs jeder ganz im Bereich verlaufenden geschlossenen Kurve sein. Das Integral ist aber gemäß Gl. (I, 4) proportional der Wärmemenge, die aus dem von der Kurve eingeschlossenen Bereich abfließt. Wir können daher die eingangs gegebene Bedingung, daß das Temperaturfeld innerhalb der Querschnittsfläche quellenfrei sein muß, dahingehend ergänzen, daß wir sagen: Jeder von einer beliebigen, ganz in der Querschnittsfläche liegenden Kurve umschlossene Bereich muß wärmequellenfrei sein. Diese Bedingung stellt insofern eine Erweiterung der ursprünglichen Forderung dar, als wir jetzt auch Bereiche einbeziehen, die außerhalb der Querschnittsfläche liegen können, wie z. B. die Löcher in dem in Abb. 2 dargestellten, mehrfach zusammenhängenden Querschnitte.

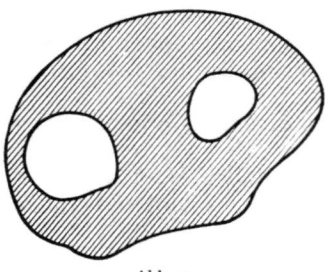

Abb. 2.

Wir greifen jetzt auf unsere Überlegungen hinsichtlich der konformen Zuordnung der verzerrten und unverzerrten Ebenen zurück und stellen zunächst einen Umstand hinsichtlich des Bildmaßstabes klar. Da ein Längenelement $ds = \sqrt{dx^2 + dy^2}$ durch eine Temperaturänderung T unabhängig von seiner Richtung die neue Länge $[1 + (1 + \mu) \alpha T] ds$ erhält, beträgt der Bildmaßstab, d. i. das Verhältnis zwischen neuer und alter Länge, $1 + (1 + \mu) \alpha T$; er ist natürlich mit $T = T(x, y)$ von Punkt zu Punkt veränderlich. Wie oben gezeigt, vermitteln die neuen Koordinaten $\xi = x + u$, $\eta = y + v$ eine konforme Abbildung. Der Bildmaßstab einer solchen ist aber allgemein durch

gegeben. Nun ist
$$\sqrt{\left(\frac{\partial \xi}{\partial x}\right)^2 + \left(\frac{\partial \xi}{\partial y}\right)^2}$$

$$\frac{\partial \xi}{\partial x} = 1 + \frac{\partial u}{\partial x}, \quad \frac{\partial \xi}{\partial y} = \frac{\partial u}{\partial y}$$

und damit wird der Bildmaßstab unserer Abbildung

$$\sqrt{\left(1 + \frac{\partial u}{\partial x}\right)^2 + \left(\frac{\partial u}{\partial y}\right)^2}.$$

Dieser Ausdruck kann aber nur dann $1 + (1 + \mu) \alpha T$ mit $(1 + \mu) \alpha T = \frac{\partial u}{\partial x}$ gleichgesetzt werden, wenn $\partial u/\partial x$ und $\partial u/\partial y$ und damit $(1 + \mu) \alpha T$ klein gegen 1 sind, wie es praktisch stets der Fall ist.

Die Potentialtheorie lehrt, daß man in der Ebene jede Lösung $T(x, y)$ der Differentialgleichung (III, 4) als reellen Teil einer analytischen Funktion $Q(t)$ der komplexen Variablen $t = x + i\, y$ betrachten kann,

$$Q(t) = T(x, y) + i\, S(x, y),$$

mit S als der zu T konjugierten Potentialfunktion. Da zwischen T und S die CAUCHY-RIEMANNschen Differentialgleichungen bestehen müssen, lehrt ein Blick auf die Gl. (III, 6), daß S (von einer belanglosen Konstanten abgesehen) identisch mit $\dfrac{\Omega}{(1+\mu)\alpha}$ ist. Die Differentialgleichungen (III, 5) ergeben damit für die Verschiebungen

$$\omega(t) = u(x\, y) + i\, v(x\, y) = (1+\mu)\, \alpha \int Q(t)\, dt.$$

Nun muß eine geschlossene Kurve in der Querschnittsebene nach erfolgter Temperaturänderung wieder in eine geschlossene Kurve übergehen. Wenn also für $t = a$ und $t = b$ die komplexe Verschiebung ω die Werte $\omega(a)$ und $\omega(b)$ annimmt, so muß $\omega(a) - \omega(b) = (1+\mu)\, \alpha \int_a^b Q(t)\, dt$ verschwinden, wenn a mit b zusammenfällt. Es muß also für jeden innerhalb des Querschnittes verlaufenden geschlossenen Integrationsweg

$$\oint Q(t)\, dt = 0 \qquad\qquad \text{(III, 8)}$$

sein.

Damit haben wir die gesuchten hinreichenden Bedingungen aufgestellt.

Als Beispiel und um zu zeigen, daß die Bedingung (III, 7) in der Bedingung (III, 8) enthalten ist, daß also bereits für ein spannungsfreies Temperaturfeld die Bedingungen (III, 4) und (III, 8) hinreichend sind, betrachten wir ein Temperaturfeld, welches durch eine Wärmequelle im Koordinatenursprung hervorgerufen wird. Beziehen wir uns auf Polarkoordinaten

$$r = \sqrt{x^2 + y^2}, \qquad \vartheta = \operatorname{arctg} \frac{y}{x}, \qquad t = r\, e^{i\vartheta},$$

so wird bekanntlich

$$T = \log r,$$

und die Ergiebigkeit der Wärmequelle bestimmt sich leicht aus Gl. (I, 4), wenn man um $r = 0$ einen Kreis legt und den Wärmedurchtritt längs dessen Umfang bestimmt. Es wird (δ sei die Scheibendicke)

$$W = \lambda\, \delta \oint \frac{\partial T}{\partial n}\, ds = \lambda\, \delta \int_0^{2\pi} \frac{\partial \log r}{\partial r}\, r\, d\varphi = 2\, \pi\, \lambda\, \delta.$$

Für die Funktion $Q(t)$ ergibt sich in diesem Falle

$$Q(t) = \log t = \log r + i\, \vartheta,$$

die in $t = 0$ einen Verzweigungspunkt besitzt. Der Wert des Integrals

$$\omega(t) = (1+\mu)\, \alpha \int Q(t)\, dt = (1+\mu)\, \alpha \int \log t\, dt = (1+\mu)\, \alpha\, t\, (\log t - 1)$$

hat bei einem Umlauf, wenn also ϑ von 0 bis 2π geht, um $2\pi i (1+\mu) \alpha r$ zugenommen. Man sieht somit, daß man sich auch bei Vorhandensein von Wärmequellen auf die Bedingung (III, 8) allein beschränken kann.

Trennt man in dem Ausdruck für ω den reellen von dem imaginären Teil, so erhält man die Verschiebungen

$$u = [x(\log r - 1) - y\vartheta](1+\mu)\alpha \quad \text{und} \quad v = [y(\log r - 1) + x\vartheta](1+\mu)\alpha,$$

und man sieht, daß man ϑ auf das Intervall $\varphi \leq \vartheta < \varphi + 2\pi$ beschränken muß, um eindeutige Verschiebungen zu erhalten.

Es werden also in einem vollen Zylinder oder auch in einem geschlossenen Kreisrohr, dessen Begrenzungen auf den konstanten Temperaturen T_1 und T_2 gehalten werden und bei welchem die Temperaturverteilung bis

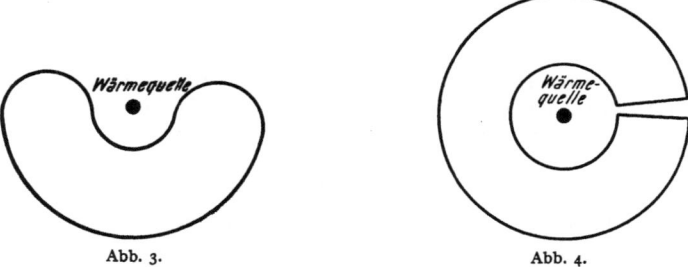

Abb. 3.   Abb. 4.

auf eine in diesem Fall bedeutungslose Konstante ebenfalls durch $T = \log r$ gegeben ist, Spannungen entstehen. Wir werden sie später in Abschnitt V berechnen. In beiden Fällen gibt es in der Querschnittsfläche liegende Kurven, welche die Wärmequelle umschließen.

Hingegen rufen die Temperaturfelder nach Abb. 3, wo die Wärmequelle außerhalb liegt, oder nach Abb. 4, wenn die Scheibe geschlitzt ist, keine Spannungen hervor; denn es gibt in diesen Fällen keine im Bereich liegende, die Wärmequelle umschließende Kurve.

IV. Systeme aus dünnen Stäben.

1. **Das Prinzip der virtuellen Verschiebungen für Systeme aus dünnen Stäben.** Die Untersuchung von Systemen, welche aus einem dünnen Stabe oder aus der Verbindung mehrerer solcher Stäbe bestehen, vereinfacht sich unter der in der technischen Elastizitätstheorie üblichen Annahme, daß bei einer Verformung die *Querschnitte der Stäbe eben bleiben*, ganz bedeutend, ja wird in den meisten Fällen dadurch überhaupt erst ermöglicht.

Wir beschränken uns im folgenden auf *ebene Systeme*, d. h. solche, bei denen alle Stäbe ebene Kurven sind, die in einer gemeinsamen Ebene liegen, in die auch eine der Haupträgheitsachsen der Stäbe fällt. Wirken dann allfällige Kräfte ebenfalls in dieser Ebene, so kann das System nur Verschiebungen erfahren, welche ebenfalls in dieser Ebene liegen.

Systeme aus dünnen Stäben.

In der Baustatik, welche sich mit der Untersuchung von Tragwerken befaßt, die aus dünnen Stäben zusammengesetzt sind, pflegt man bei der Ermittlung der Verschiebungen von dem *Prinzip der virtuellen Verschiebungen* auszugehen. Der Leser kann sich hierüber in jedem Lehrbuch der Baustatik orientieren[1]. Wir schreiben dieses Prinzip in der für unsere Zwecke geeigneten Spezialisierung an:

$$1_i\,\delta_i = \int^\sigma M_{\sigma i}\,\varDelta d\varphi_\sigma + \int^\sigma N_{\sigma i}\,\varDelta ds_\sigma. \qquad (\text{IV, 1})$$

δ_i bedeutet die Verschiebung oder Verdrehung an einer Stelle i des Systems, die dadurch entstanden ist, daß sich an den Stellen σ der Stabachsen zwei Querschnitte im Abstande $d\sigma$ um den Winkel $\varDelta d\varphi_\sigma$ gegeneinander verdrehen und sich ihre gegenseitige Entfernung um den Betrag $\varDelta d s_\sigma$ geändert hat, die Stäbe sich demnach verbogen und gedehnt oder verkürzt haben. Abgesehen von einer Verschiebung der beiden Querschnitte gegeneinander senkrecht zur Stabachse, die aber zumeist vernachlässigt wird, ist durch $\varDelta d\varphi_\sigma$ und $\varDelta ds_\sigma$ die Deformation des Stabelements von der Länge $d\sigma$ zwischen den beiden Querschnitten vollständig definiert.

δ_i kann verschiedene Arten von Verformungen vorstellen. Zunächst kann damit die *Komponente der Verschiebung in einer bestimmten Richtung* gemeint sein. Es kann aber auch die *Vergrößerung oder Verkleinerung der Entfernung zweier Systempunkte* i' oder i'' bedeuten. Dann kann δ_i sowohl die *Verdrehung der Verbindungslinie zweier Systempunkte* i' und i'' als auch der *Tangente an die Stabachse* im Punkte i vorstellen. Endlich kann es die *Winkeländerung* zwischen den Verbindungsgeraden zweier Punkte $i_1'\;i_1''$ und $i_2'\;i_2''$ oder auch zwischen den Tangenten an die Stabachse in den Punkten i' und i'' bedeuten. Jeder dieser verschiedenen Verformungen ist eine bestimmte gedachte Belastung des Systems zugeordnet. Man pflegt diese Belastung als die δ_i *zugeordneten Hilfsangriffe* zu bezeichnen. Bedeutet δ_i die Komponente der Verschiebung in einer bestimmten Richtung, so besteht der Hilfsangriff aus der Last $P = 1$, die im Punkte i in der Richtung der gefragten Verschiebungskomponente angreift. Aus diesem Grundfall lassen sich durch Überlagerung leicht alle anderen ableiten. Denn in der gleichen Weise, wie sich eine neue Deformationsart aus den eben erwähnten Verschiebungskomponenten ableiten läßt, setzt sich auch der zugeordnete Hilfsangriff aus den entsprechenden Komponenten zusammen. So erhält man z. B. den Verdrehungswinkel der Geraden $i'\;i''$ aus den Verschiebungen δ_i' und δ_i'' der Punkte i' und i'' senkrecht zu ihrer Verbindungslinie, wenn s die Entfernung der beiden Punkte bedeutet, mit

$$\vartheta_i = \frac{\delta_i' - \delta''}{s}.$$

Der der Verdrehung zugeordnete Hilfsangriff besteht demnach aus zwei Einzelkräften von der Größe $1/s$, die senkrecht zu der Verbindungslinie $i'\;i''$

---

[1] MELAN, E.: Einführung in die Baustatik, Wien: 1950.

Das Prinzip der virtuellen Verschiebungen für Systeme aus dünnen Stäben. 15

angreifen. In der Abb. 5 sind die vorerwähnten Verschiebungen und die zugeordneten Hilfsangriffe dargestellt.

$M_{\sigma i}$ und $N_{\sigma i}$ sind die Momente und Normalkräfte, die durch den Hilfsangriff hervorgerufen werden und der in der Gl. (IV, 1) mit 1_i bezeichnet ist. Um in dieser Gleichung links und rechts des Gleichheits-

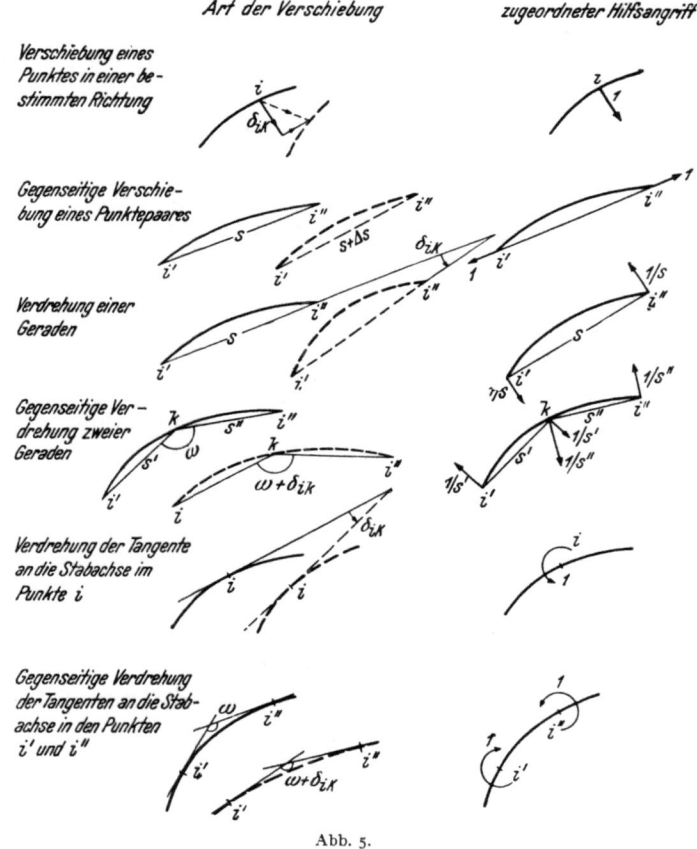

Abb. 5.

zeichens die gleiche Dimension zu erhalten, muß 1_i mit der entsprechenden Dimension eingesetzt werden.

Hinsichtlich der Vorzeichen ist folgendes zu beachten: Grundsätzlich sind Hilfsangriff und zugeordnetes δ_i in derselben Richtung als positiv anzusetzen, d. h. die von dem Hilfsangriff 1_i hervorgerufene Verschiebung oder Verdrehung in i ist stets positiv zu nehmen. Die Richtungen der δ_i in Abb. 5 sind also positiv, wenn sie in die Richtung der dort angegebenen Hilfsangriffe fallen. Die Produkte $M_{\sigma i}\,\Delta\varphi_\sigma$ und $N_{\sigma i}\,\Delta s_\sigma$ sind ebenfalls dann positiv zu nehmen, wenn $M_{\sigma i}$ und $N_{\sigma i}$ in derselben Richtung wie

$\varDelta\varphi_\sigma$ und $\varDelta s_\sigma$ wirken, wenn also letztere so gerichtet sind, wie sie durch positive M und N erzeugt würden. Bezeichnet man z. B. N als Zugkraft positiv, so ist $\varDelta s_\sigma$ dann positiv einzuführen, wenn es eine Vergrößerung der Länge des Stabelements bedeutet.

Die Integration in Gl. (IV, 1) erstreckt sich längs sämtlicher Stabachsen des Systems über $d\sigma$.

2. Die Verformung eines Stabelements infolge einer Temperaturänderung. Soll ein ebenes System bei einer Temperaturänderung eben bleiben, so muß in allen zur Systemebene parallelen Ebenen der Stäbe die gleiche Temperaturverteilung herrschen. Unsere vereinfachende Annahme, daß die Stabquerschnitte eben bleiben, verlangt die Einschränkung, daß die Temperaturverteilung längs der Stabdicke linear verläuft. Denn die Längenänderung einer jeden einzelnen Stabfaser parallel zur Stabachse ist proportional der in ihr eingetretenen Temperaturänderung. Wir werden uns in Abschnitt V ausführlich mit Temperaturverteilung und Spannungen in Scheiben befassen, als deren Sonderfall ein dünner Stab angesehen werden kann. Hier bemerken wir nur, daß eine lineare stationäre Temperaturverteilung über den Querschnitt nur bei einem dünnen Stab gleicher Dicke mit gerader Achse möglich ist, wenn die Randtemperaturen sich längs der Stabachse ebenfalls linear verändern. Für Stäbe mit gekrümmter Stabachse stellt die Annahme linearer Temperaturverteilung über den Querschnitt eine um so gröbere Näherung vor, je größer das Verhältnis zwischen Krümmungsradius der Stabachse und Stabdicke ist. Jedenfalls bleibt aber eine Scheibe in dem vorliegenden Falle spannungsfrei, es sei denn, daß die Verformungen durch äußere Kräfte behindert sind.

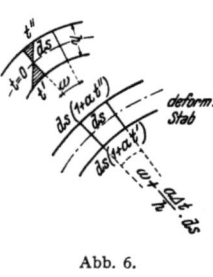

Abb. 6.

Es sollen also die untere Randfaser die Temperatur T_1, die obere die Temperatur T_2 annehmen, so daß $\dfrac{T_1 - T_2}{h} = \dfrac{\varDelta T}{h}$ das Temperaturgefälle längs der Stabdicke h bedeutet. Dann beträgt die gegenseitige Verdrehung zweier Querschnitte im Abstande $d\sigma$

$$\varDelta d\varphi_\sigma = \alpha \frac{\varDelta T}{h} d\sigma.$$

Tritt gleichzeitig in der Stabachse die Temperatur T_0 auf, so ist damit eine Verlängerung des Elements der Stabachse um den Betrag

$$\varDelta ds_\sigma = \alpha\, T_0\, d\sigma$$

verbunden. Die Abb. 6 stellt Temperaturverteilung und Verformung eines Stabelements dar.

3. Statisch bestimmte Systeme. Man unterscheidet bekanntlich *statisch bestimmte* und *statisch unbestimmte Systeme*. Bei ersteren ist es möglich, die Spannungen lediglich aus den Gleichgewichtsbedingungen eines starren Körpers zu bestimmen. Statisch bestimmte Systeme bestehen nur aus so viel Stäben, als unbedingt notwendig sind, damit das System unverschieblich wird; auch die Verbindung einzelner Stäbe muß so erfolgen, daß eine Vermehrung der Freiheitsgrade einer Verbindung sofort die Verschieblichkeit des Systems zur Folge hat. Ändert man also die Länge eines Stabes oder verbiegt ihn, so treten zwar Verschiebungen, aber keinesfalls Spannungen auf. In der Gl. (IV, 1) ist daher für $\varDelta d\varphi_\sigma$ und $\varDelta ds_\sigma$

$$\varDelta d\varphi_\sigma = \alpha \frac{\varDelta T}{h} d\sigma, \quad \varDelta ds_\sigma = \alpha T_0 d\sigma$$

zu setzen, und man erhält demnach die Verschiebung eines Punktes i mit

$$\delta_{iT} = \int M_{\sigma i} \alpha \frac{\varDelta T}{h} d\sigma + \int N_{\sigma i} \alpha T_0 d\sigma. \qquad \text{(IV, 2)}$$

Hingegen treten in einem statisch bestimmten System infolge Temperaturänderungen keine Spannungen auf.

4. Statisch unbestimmte Systeme. Im Gegensatz hiezu besitzt ein statisch unbestimmtes System mehr Stäbe oder die Verbindungen derselben weniger Freiheitsgrade, als zu deren Unverschieblichkeit unbedingt erforderlich sind. Die Gleichgewichtsbedingungen allein genügen nicht, um die Spannungen zu bestimmen, sondern es ist notwendig, auf die Verschiebungen des Systems einzugehen und aus denselben sich die fehlenden Gleichungen zu beschaffen. Fehlen n Gleichungen, so spricht man von einem n-fach statisch unbestimmten System.

Verbiegt man in einem statisch unbestimmten System einen Stab oder ändert seine Länge, so treten Zwangsspannungen auf; denn jeder Stab, der als überzählig betrachtet werden kann, muß eine ganz bestimmte Form besitzen, um ihn ohne Zwang einfügen zu können. Hat also ein Stabelement infolge einer Temperaturveränderung seine Form geändert, so werden im allgemeinen Momente $M_{\sigma T n}$ und Normalkräfte $N_{\sigma T n}$ entstehen. Wir setzen voraus, daß der Leser mit der Theorie der statisch unbestimmten Systeme einigermaßen vertraut ist. Gehen wir von einem statisch bestimmten Grundsystem aus, so erhalten wir bei einer Temperaturänderung eines n-fach statisch unbestimmten Systems die n-überzähligen Größen X_{kT} ($k = 1, 2, \ldots, n$) aus den Elastizitätsgleichungen

$$\sum_{k=1}^{n} \delta_{jk} X_{kT} + \delta_{jT} = 0 \quad (j = 1, 2, \ldots, n). \qquad \text{(IV, 3)}$$

Die Koeffizienten δ_{jk} sind durch die Gleichungen

$$\delta_{jk} = \int M_{\sigma j} M_{\sigma k} \frac{d\sigma}{EJ} + \int N_{\sigma j} N_{s\sigma} \frac{d\sigma}{EF} \qquad \text{(IV, 4)}$$

gegeben. Darin bedeuten die $M_{\sigma j}$, $N_{\sigma j}$ und die $M_{\sigma k}$, $N_{\sigma k}$ die Momente und Normalkräfte an der Stelle σ des Grundsystems, hervorgerufen durch die Hilfsangriffe $X_j = 1$ bzw. $X_k = 1$. Hingegen wird δ_{jT} als Verschiebung oder Verdrehung des Grundsystems infolge der Temperaturänderung gemäß Gl. (IV, 2)

$$\delta_{jT} = \int M_{\sigma j} \alpha \frac{\varDelta T}{h} d\sigma + \int N_{\sigma j} \alpha T_0 d\sigma. \qquad \text{(IV, 5)}$$

Sind die X_{jT} aus dem Gleichungssystem (IV, 3) bestimmt, so erhält man eine beliebige Größe $E_{\sigma Tn}$, die im statisch unbestimmten System an der Stelle σ infolge einer Temperaturänderung auftritt, mit

$$E_{\sigma Tn} = E_{\sigma T} + \sum_j E_{\sigma j} X_{jT}. \qquad (IV, 6)$$

$E_{\sigma T}$ ist dabei der Wert von E infolge der Temperaturänderung im Grundsystem; $E_{\sigma j}$ der Wert, wenn am Grundsystem lediglich der Hilfsangriff $X_j = 1$ angreift. $E_{\sigma T}$ ist nur dann von Null verschieden, wenn es eine Verschiebung bedeutet; stellt es eine Kraft oder ein Moment vor, so verschwindet es; denn in dem Grundsystem können, weil es statisch bestimmt vorausgesetzt wurde, durch eine Temperaturänderung keine Zwangsspannungen entstehen. Man erhält also z. B. für die Momente $M_{\sigma Tn}$ und die Normalkräfte $N_{\sigma Tn}$ im statisch unbestimmten System

$$M_{\sigma Tn} = \sum_j M_{\sigma j} X_{jT}, \quad N_{\sigma Tn} = \sum_j N_{\sigma j} X_{jT}. \qquad (IV, 7)$$

Will man die Gl. (IV, 1) zur Berechnung der Verschiebungen in einem statisch unbestimmten System benützen, so hat man zu beachten, daß zu den durch die Temperatur hervorgerufenen Verformungen $\dfrac{\alpha \Delta T}{h} d\sigma$ und $\alpha T_0 d\sigma$ des Stabelements noch jene hinzukommen, die durch die Zwangsspannungen erzeugt wurden. Es ist demnach

$$\Delta d\varphi_\sigma = \left(\alpha \frac{\Delta T}{h} + \frac{M_{\sigma Tn}}{EJ}\right) d\sigma, \quad \Delta d\sigma = \left(\alpha T_0 + \frac{N_{\sigma Tn}}{EF}\right) d\sigma \qquad (IV, 8)$$

und damit erhält man

$$\delta_{iTn} = \int M_{\sigma in} \left(\alpha \frac{\Delta T}{h} + \frac{M_{\sigma Tn}}{EJ}\right) d\sigma + \int N_{\sigma in}\left(\alpha T_0 + \frac{N_{\sigma Tn}}{EF}\right) d\sigma. \qquad (IV, 9)$$

$M_{\sigma in}$ und $N_{\sigma in}$ sind jetzt die Momente und Normalkräfte infolge des Hilfsangriffes 1 in i im *statisch unbestimmten* System und werden aus den Gleichungen bestimmt

$$M_{\sigma in} = M_{\sigma i} + \sum M_{\sigma j} X_{ji}, \quad N_{\sigma in} = N_{\sigma i} + \sum N_{\sigma j} X_{ji}, \qquad (IV, 10)$$

$M_{\sigma i}$ und $N_{\sigma i}$ sind die Momente und Normalkräfte infolge des Hilfsangriffes 1 in i im *statisch bestimmten* Grundsystem, während $M_{\sigma Tn}$ und $N_{\sigma Tn}$ bereits früher erklärt wurden. Die statisch unbestimmten Größen X_{ji} infolge des Hilfsangriffes 1 in i folgen aus den Elastizitätsgleichungen

$$\sum_{j=1}^n \delta_{kj} X_{ji} + \delta_{ki} = 0 \quad (k = 1, 2, \ldots, n), \qquad (IV, 11)$$

mit den schon bekannten Koeffizienten δ_{kj}. Für δ_{ki} ergibt sich nach Gl. (IV, 1)

$$\delta_{ki} = \int M_{\sigma k} M_{\sigma i} \frac{d\sigma}{EJ} + \int N_{\sigma k} N_{\sigma i} \frac{d\sigma}{EF}. \qquad (IV, 12)$$

Verwendet man die Gl. (IV, 9), so muß man demnach zweimal die Elastizitätsgleichungen auflösen, einmal mit den absoluten Gliedern δ_{iT}

nach Gl. (IV, 2), um $M_{\sigma Tn}$ und $N_{\sigma Tn}$ zu bestimmen, das andere Mal für den Hilfsangriff 1 in i, mit δ_{ki} nach Gl. (IV, 12) um $M_{\sigma in}$ und $N_{\sigma in}$ zu erhalten. Dies ist aber nicht notwendig, wie im folgenden gezeigt wird.

Setzt man nämlich in Gl. (IV, 9) die Werte für $M_{\sigma in}$ und $N_{\sigma in}$ sowie für $M_{\sigma Tn}$ und $N_{\sigma Tn}$ ein, so erhält man

$$\delta_{iTn} = \int \left(M_{\sigma in} \frac{\alpha \Delta T}{h} + N_{\sigma in} \alpha T_0 \right) d\sigma$$

$$+ \int \left(M_{\sigma i} + \sum_{k=1}^{n} M_{\sigma k} X_{ki} \right) \sum_{\varrho=1}^{n} \frac{M_{\sigma \varrho}}{EJ} X_{\varrho T} d\sigma$$

$$+ \int \left(N_{\sigma i} + \sum_{n=1}^{n} N_{\sigma k} X_{ki} \right) \sum_{\varrho=1}^{n} \frac{N_{\sigma \varrho}}{EJ} X_{\varrho T} d\sigma.$$

Das zweite und dritte Integral läßt sich aber durch Ausmultiplikation und Vertauschung der Summations- und Integrationsfolge in den Ausdruck umformen:

$$\sum_{\varrho=1}^{n} X_{\varrho T} \left[\left(\int M_{\sigma i} \frac{M_{\sigma \varrho}}{EJ} + N_{\sigma i} \frac{N_{\sigma \varrho}}{EJ} \right) d\sigma + \sum_{k=1}^{n} X_{ki} \int \left(M_{\sigma k} \frac{M_{\sigma \varrho}}{EJ} + \right.\right.$$

$$\left.\left. + N_{\sigma k} \frac{N_{\sigma \varrho}}{EJ} \right) d\sigma \right] = \sum_{\varrho=1}^{n} X_{\varrho T} \left[\delta_{\varrho i} + \sum_{k=1}^{n} \delta_{\varrho k} X_{ki} \right]$$

und dieser Ausdruck wird Null, weil der Klammerausdruck rechts die linke Seite der ϱ-ten Elastizitätsgleichung — s. Gl. (IV, 11) — für die Ermittlung der X_{ki} vorstellt und deshalb verschwindet.

Damit ergibt sich für δ_{iTn} die einfachere Gleichung, in welcher die Werte $M_{\sigma Tn}$ und $N_{\sigma Tn}$ nicht vorkommen:

$$\delta_{iTn} = \int M_{\sigma in} \frac{\alpha \Delta T}{h} d\sigma + \int N_{\sigma in} \alpha T_0 \, d\sigma. \qquad (IV, 13)$$

Führt man die erste Summation statt über X_ϱ über X_k aus, so erhält man durch eine ganz ähnliche Umformung

$$\delta_{iTn} = \int M_{\sigma i} \left(\frac{\alpha \Delta T}{h} + \frac{M_{\sigma Tn}}{EJ} \right) d\sigma + \int N_{\sigma i} \left(\alpha T_0 + \frac{N_{\sigma Tn}}{EF} \right) d\sigma. \qquad (IV, 14)$$

Man kann dies auch ohne besondere Rechnung unmittelbar der Gl. (IV, 9) entnehmen. Denn die Formänderung des Grundsystems ist genau die gleiche wie die des statisch unbestimmten Systems, wenn bei beiden Systemen dieselben Deformationen der Stabelemente, also im vorliegenden Falle jene des statisch unbestimmten Systems, nämlich

$$\Delta d\varphi_\sigma = \left(\frac{\alpha \Delta T}{h} + \frac{M_{\sigma Tn}}{EJ} \right) d\sigma, \quad \Delta ds_\sigma = \left(\alpha T_0 + \frac{N_{\sigma Tn}}{EF} \right) d\sigma$$

auftreten. Betrachtet man demnach das statisch bestimmte Grundsystem, so kann in Gl. (IV, 9) $M_{\sigma in}$ durch $M_{\sigma i}$ und $N_{\sigma in}$ durch $N_{\sigma i}$ ersetzt werden, also durch die am statisch bestimmten Grundsystem durch den Hilfsangriff 1 in i hervorgerufenen Momente und Normalkräfte. Damit ergibt sich die Gl. (IV, 14).

5. Verschiebungen der Knoten eines Fachwerkes. Wir geben im folgenden noch die Gleichungen für die Verschiebung eines Fachwerksknotens infolge einer Temperaturänderung an. In einem Stabe zwischen den Knoten mit den Temperaturen T' und T'' stellt sich nach Gl. (I, 21) ein lineares Temperaturgefälle ein, so daß die Verlängerung dieses Stabes mit der Länge s_p

$$\Delta s_p = \frac{\alpha (T' + T'')}{2} s_p$$

beträgt. Da die Stabkraft längs eines Stabes konstant ist, kann die Integration über die einzelnen Stäbe s_p ausgeführt werden, und da überdies in einem idealen Fachwerk keine Momente auftreten, erhält man mit $1/2 (T' + T'') = T_p$ für ein statisch bestimmtes Fachwerk

$$\delta_{iT} = \sum_p S_{pi} \alpha T_p s_p \qquad (IV, 15)$$

und für ein statisch unbestimmtes Fachwerk

$$\left. \begin{aligned} \delta_{iTn} &= \sum_p S_{pin} \left(\alpha T_p + \frac{S_{pTn}}{EF_p} \right) s_p \\ &= \sum_p S_{pi} \left(\alpha T_p + \frac{S_{pTn}}{EF_p} \right) s_p \\ &= \sum_p S_{pin} \alpha T s_p. \end{aligned} \right\} \qquad (IV, 16)$$

In diesen Gleichungen bedeuten S_{pi} und S_{pin} die Stabkräfte infolge des zugeordneten Hilfsangriffes 1 in i am statisch bestimmten, bzw. statisch unbestimmten System, S_{pTn} die Stabkräfte in einem statisch unbestimmten System, welche durch die Temperaturänderung entstanden sind.

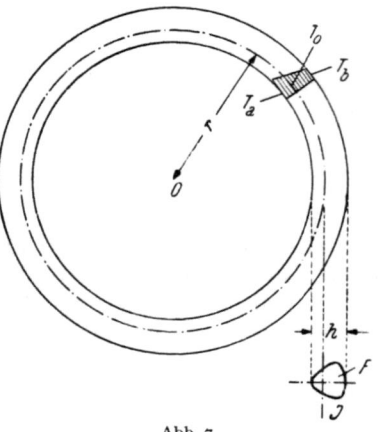

Abb. 7.

In der Praxis pflegt man bei Tragwerken das Temperaturfeld zumeist ohne Berücksichtigung der Theorie der Wärme anzusetzen. So nimmt man bei einem Fachwerksträger in der Regel an, daß z. B. der der Sonnenbestrahlung ausgesetzte Obergurt eine bestimmte Temperaturerhöhung gegenüber den anderen Stäben erfährt.

6. Ein Beispiel. Wir wollen die Spannungen bestimmen, welche in einem geschlossenen Kreisring auftreten, wenn der Außenrand die Temperatur T_b, der Innenrand die Temperatur T_a erhält (Abb. 7). r sei der Radius der Stabachse des Ringes, J das Trägheitsmoment und F die Fläche des Querschnittes. Der Abstand zwischen äußerem und innerem Rand, also die Breite des Ringes, sei h. Bezeichnen wir Momente dann positiv, wenn sie am inneren Rand Zugspannungen hervorrufen, und Normalkräfte wie üblich als Zugkräfte positiv, so wird

$$\Delta T = T_a - T_b \quad \text{und} \quad T_0 = \frac{1}{2}(T_a + T_b).$$

Ein geschlossener Ring ist dreifach statisch unbestimmt. Als statisch unbestimmte Größen führen wir in bekannter Weise Kraftgruppen ein, die sich auf ein Moment X_a, eine Normalkraft X_b und eine Querkraft X_c, im Mittelpunkt des Kreisringes angreifend, reduzieren. Man erkennt sofort, daß aus Symmetriegründen die Querkraft X_c verschwinden muß. Der Hilfsangriff $X_a = 1$ ergibt die Momente $M_{\sigma a} = 1$ und die Normalkräfte $N_{\sigma a} = 0$, der Hilfsangriff $X_b = 1$ ergibt $M_{\sigma b} = -y$ und die Normalkräfte $N_{\sigma b} = \cos \psi$. Bezüglich der gewählten Bezeichnungen sei auf Abb. 7 verwiesen.

Mit den vorangeführten Werten wird nach Gl. (IV, 4)

$$\delta_{aa} = \int_0^{2\pi} 1 \cdot \frac{d\sigma}{EJ} = \frac{2r\pi}{EJ},$$

$$\delta_{bb} = \int_0^{2\pi} y^2 \frac{d\sigma}{EJ} + \int_0^{2\pi} \cos^2 \psi \frac{d\sigma}{EF} = r\pi \left(\frac{r^2}{EJ} + \frac{1}{EF} \right)$$

und

$$\delta_{ac} = \delta_{bc} = \delta_{ab} = 0.$$

Ferner ergibt sich nach Gl. (IV, 5)

$$\delta_{aT} = \alpha \frac{\Delta T}{h} \int_0^{2\pi} d\sigma = 2r\pi \frac{\alpha \Delta T}{h}, \quad \delta_{bT} = 0,$$

so daß

$$X_{aT} = -\frac{\alpha E J \Delta T}{h}, \quad X_{bT} = 0$$

wird. Entsprechend der Gl. (IV, 7) treten in dem Ring demnach nur Biegungsmomente

$$M_{\sigma T n} = -\frac{\alpha E J \Delta T}{h}$$

auf.

Liegt die Stabachse in der Mitte zwischen den beiden Randfasern, so erhalten die Randspannungen wegen $W = \frac{2J}{h}$ den Wert

$$\sigma = \pm \frac{M_{\sigma T n}}{W} = \mp \frac{\alpha E \Delta T}{2}. \qquad \text{(IV, 17)}$$

Die Annahme, daß sich das Temperaturgefälle und die Spannungen linear über die Ringbreite verteilen, ist, wie schon erwähnt, nicht zutreffend, sondern stellt nur eine in der Baustatik gewöhnlich getroffene Annäherung vor. Die genaue Untersuchung für einen Ring mit rechteckigem Querschnitt auf Grund der Theorie dünner Scheiben wird in Abschn. V vorgenommen werden.

V. Wärmespannungen infolge zweidimensionaler Temperaturfelder.

1. Der ebene Verzerrungszustand.
Wir wollen annehmen, daß das Temperaturfeld stationär ist und lediglich von den Koordinaten x und y, nicht aber von z abhängt. Es ist demnach — s. Gl. (I, 6) — durch die partielle Differentialgleichung

$$\frac{\partial^2 T}{\partial x^2} + \frac{\partial^2 T}{\partial y^2} = 0 \qquad (V, 1)$$

bestimmt, denn die Ableitung nach z verschwindet.

Das thermisch-elastische Verschiebungspotential genügt nach (II, 13) der LAPLACEschen Gleichung

$$\frac{\partial^2 \Phi}{\partial x^2} + \frac{\partial^2 \Phi}{\partial y^2} + \frac{\partial^2 \Phi}{\partial z^2} = \frac{1+\mu}{1-\mu} \alpha T.$$

Wir wählen jene partikulären Lösungen aus, die von z unabhängig sind, die demnach die Gleichung

$$\Delta \Phi = \frac{\partial^2 \Phi}{\partial x^2} + \frac{\partial^2 \Phi}{\partial y^2} = \frac{1+\mu}{1-\mu} \alpha T \qquad (V, 2)$$

befriedigen. Der LAPLACEsche Operator bedeutet also in der Folge

$$\Delta = \frac{\partial^2}{\partial x^2} + \frac{\partial^2}{\partial y^2}.$$

Die Gl. (V, 2) ergibt in Verbindung mit Gl. (V, 1) für Φ die partielle Differentialgleichung vierter Ordnung

$$\Delta \Delta \Phi = 0,$$

oder ausführlicher geschrieben

$$\left(\frac{\partial^2}{\partial x^2} + \frac{\partial^2}{\partial y^2}\right)\left(\frac{\partial^2}{\partial x^2} + \frac{\partial^2}{dy^2}\right)\Phi = \frac{\partial^4 \Phi}{\partial x^4} + 2\frac{\partial^4 \Phi}{\partial x^2 \partial y^2} + \frac{\partial^4 \Phi}{\partial y^4} = 0.$$

Da also Φ auch nur von x und y abhängt, so erhält man nach Gl. (II, 12) die Verschiebungen

$$u_x = \bar{u} = \frac{\partial \Phi}{\partial x}, \quad u_y = \bar{v} = \frac{\partial \Phi}{\partial y}, \quad u_z = \bar{w} = \frac{\partial \Phi}{\partial z} = 0 \qquad (V, 3)$$

und weiters nach Gl. (II, 14) die Dehnungen

$$\bar{\varepsilon}_{xx} = \frac{\partial^2 \Phi}{\partial x^2}, \quad \bar{\varepsilon}_{yy} = \frac{\partial^2 \Phi}{\partial y^2}, \quad \bar{\varepsilon}_{zz} = \frac{\partial^2 \Phi}{\partial z^2} = 0$$

und die Gleitungen

$$\bar{\varepsilon}_{xy} = \frac{\partial^2 \Phi}{\partial x\, \partial y}, \quad \bar{\varepsilon}_{yz} = \frac{\partial^2 \Phi}{\partial y\, \partial z} = 0, \quad \bar{\varepsilon}_{zx} = \frac{\partial^2 \Phi}{\partial z\, \partial x} = 0. \quad (V, 4)$$

Alle Ebenen senkrecht zur Z-Achse erfahren demnach keine Verschiebungen; sie behalten ihre ursprüngliche Lage bei. Für die Spannungen finden wir nach den Gl. (II, 15)

$$\left.\begin{aligned}
\bar{\sigma}_{xx} &= -2G\frac{\partial^2 \Phi}{\partial y^2}, \quad \bar{\sigma}_{yy} = -2G\frac{\partial^2 \Phi}{\partial x^2}, \\
\bar{\sigma}_{zz} &= -2G\,\Delta\Phi = -2G\frac{1+\mu}{1-\mu}\,\alpha\,T, \\
\bar{\sigma}_{xy} &= 2G\frac{\partial^2 \Phi}{\partial x\, \partial y}, \quad \bar{\sigma}_{yz} = 2G\frac{\partial^2 \Phi}{\partial y\, \partial z} = 0, \quad \bar{\sigma}_{zx} = 2G\frac{\partial^2 \Phi}{\partial z\, \partial x} = 0.
\end{aligned}\right\} \quad (V, 5)$$

Ändert also ein prismatischer oder zylindrischer Körper von beliebiger Länge dermaßen seine Temperatur, daß ein in der Längsrichtung, d. i. der Z-Achse unveränderliches Temperaturfeld $T(x\,y)$ entsteht und demnach in allen Querschnittsebenen dieselbe Temperaturverteilung herrscht, sind weiters die Endflächen $z =$ const unverschieblich festgehalten und wirken auf den Mantel äußere Kräfte ein, deren Größe sich aus den Randwerten von $\bar{\sigma}_{xx}$, $\bar{\sigma}_{yy}$ und $\bar{\sigma}_{xy}$ leicht bestimmen lassen und die ebenfalls, weil von z unabhängig, in der Längsrichtung konstant sind, so sind die auftretenden Verschiebungen und Spannungen durch die Gl. (V, 4) und (V, 5) gegeben, nachdem für Φ eine Partikularlösung aus Gl. (V, 2) ermittelt worden ist.

Zumeist wird aber verlangt, daß wenigstens der Mantel spannungsfrei ist. Es handelt sich also darum, eine Lösung der Elastizitätsgleichungen zu überlagern, für welche an den Endflächen ebenfalls $\bar{w} = 0$ und $\bar{\sigma}_{zx} = \bar{\sigma}_{yz} = 0$ wird, die Oberflächenkräfte am Mantel aber die entgegengesetzten Werte, wie aus den Gl. (V, 5) folgend, annehmen.

Diese Aufgabe wird in der Elastizitätstheorie ziemlich eingehend behandelt. Die Spannungen sind durch die zweiten Ableitungen einer Funktion F bestimmt, welche die Bezeichnung AIRYsche Spannungsfunktion trägt. Es wird

$$\bar{\sigma}_{xx} = \frac{\partial^2 F}{\partial y^2}, \; \bar{\sigma}_{yy} = \frac{\partial^2 F}{\partial x^2}, \; \bar{\sigma}_{zz} = \mu\,\Delta F, \; \bar{\sigma}_{xy} = -\frac{\partial^2 F}{\partial x\, \partial y}, \; \bar{\sigma}_{yz} = \bar{\sigma}_{zx} = 0. \quad (V, 6)$$

Dabei muß F der partiellen Differentialgleichung vierter Ordnung genügen:

$$\Delta\Delta F = \frac{\partial^4 F}{\partial x^4} + 2\frac{\partial^4 F}{\partial x^2\, \partial y^2} + \frac{\partial^4 F}{\partial y^4} = 0. \quad (V, 7)$$

Die Bedingungen an den Endflächen, nämlich $\bar{w} = 0$ und $\bar{\sigma}_{zx} = \bar{\sigma}_{yz} = 0$ sind von selbst erfüllt und besondere Berücksichtigung derselben ist nicht erforderlich. Die Schwierigkeit besteht zumeist darin, solche Lösungen zu ermitteln, die auch die Bedingungen an der Mantelfläche erfüllen. Im vorliegenden Fall müssen die Spannungen die dort vorgegebenen Werte annehmen.

Ist F bestimmt, so ergeben sich die gesamten Spannungen

$$\left.\begin{aligned}\sigma_{xx} &= \bar{\sigma}_{xx} + \bar{\bar{\sigma}}_{xx} = \\ &= \frac{\partial^2}{\partial y^2}(-2G\Phi + F), \quad \sigma_{yy} = \bar{\sigma}_{yy} + \bar{\bar{\sigma}}_{yy} = \frac{\partial^2}{\partial x^2}(-2G\Phi + F), \\ \sigma_{xy} &= \bar{\sigma}_{xy} + \bar{\bar{\sigma}}_{xy} = \\ &= \frac{\partial^2}{\partial x\,\partial y}(2G\Phi - F), \quad \sigma_{zz} = \bar{\sigma}_{zz} + \bar{\bar{\sigma}}_{zz} = \Delta(-2G\Phi + \mu F) = \\ &= -2G\frac{1+\mu}{1-\mu}\alpha T + \mu(\bar{\bar{\sigma}}_{xx} + \bar{\bar{\sigma}}_{yy}).\end{aligned}\right\} \quad \text{(V, 8)}$$

Für die Dehnungen erhält man nach den Gl. (II, 7) mit

$$\left.\begin{aligned}s &= \sigma_{xx} + \sigma_{yy} + \sigma_{zz} = \Delta[-4G\Phi + (1+\mu)F], \\ \varepsilon_{xx} &= \frac{\partial^2\Phi}{\partial x^2} + \frac{1}{2G}\left[\frac{\partial^2 F}{\partial y^2} - \mu\Delta F\right], \\ \varepsilon_{yy} &= \frac{\partial^2\Phi}{\partial y^2} + \frac{1}{2G}\left[\frac{\partial^2 F}{\partial x^2} - \mu\Delta F\right], \\ \varepsilon_{xy} &= \frac{\partial^2}{\partial x\,\partial y}\left[\Phi - \frac{1}{2G}F\right], \\ \varepsilon_{zz} &= \varepsilon_{zx} = \varepsilon_{zy} = 0.\end{aligned}\right\} \quad \text{(V, 9)}$$

Da
$$\Delta\Delta\Phi = 0$$
gilt, ist es möglich,
$$F = 2G\Phi$$

als AIRYsche Spannungsfunktion zu verwenden. Dann werden aber die Spannungen

$$\left.\begin{aligned}\sigma_{xx} = \sigma_{yy} = \sigma_{xy} &= 0 \\ \sigma_{zz} = -(1-\mu)\,2G\Delta\Phi &= -2G(1+\mu)\alpha T\end{aligned}\right\} \quad \text{(V, 10)}$$

und nur

ist von Null verschieden. Die Dehnungen betragen in diesem Falle

$$\left.\begin{aligned}\varepsilon_{xx} &= \frac{\partial^2\Phi}{\partial x^2} + \frac{\partial^2\Phi}{\partial y^2} - \mu\Delta\Phi = (1-\mu)\Delta\Phi = (1+\mu)\alpha T, \\ \varepsilon_{yy} &= (1+\mu)\alpha T, \\ \varepsilon_{zz} &= 0, \quad \varepsilon_{xy} = 0.\end{aligned}\right\} \quad \text{(V, 11)}$$

Der Mantel ist also spannungsfrei, denn die Spannungen σ_{xx}, σ_{yy} und σ_{xy} verschwinden überhaupt; nur auf die Endflächen wirkt eine Normalspannung σ_{zz}, die bewirkt, daß in der Richtung der Z-Achse keine Dehnungen und keine Verschiebungen auftreten.

Der Ansatz $F = 2G\Phi$ kann aber unter Umständen zu mehrdeutigen Verschiebungen führen. Man vergleiche hiezu S. 12.

2. Der ebene Spannungszustand. Unter einem ebenen Spannungszustand verstehen wir den Spannungszustand in einer dünnen Scheibe, bei dem lediglich Spannungen in der Richtung der Scheibenebene auftreten. Diese Spannungen sollen über die Dicke der Scheibe gleichmäßig verteilt

Der ebene Spannungszustand.

angenommen werden. Diese Annahme ist mit der genauen Theorie nicht vollständig verträglich; sie ist aber um so zutreffender, je dünner die Scheibe ist. Die Oberflächen der Scheibe sollen frei von Spannungen sein.

Wir beziehen uns auf ein rechtwinkeliges Koordinatensystem, bei welchem die X- und Y-Achse in die Scheibenebene, die Z-Achse in die Richtung der Scheibendicke fällt. Die Spannung σ_{zz} in dieser Richtung setzen wir gleich Null. Dann nehmen die Gl. (II, 10) mit

$$\sigma_{zz} = 0$$

folgende Gestalt an:

Zunächst folgt aus der Gleichung für σ_{zz}

$$\sigma_{zz} = 2G\left(\varepsilon_{zz} + \frac{\mu}{1-2\mu}e - \frac{1+\mu}{1-2\mu}\alpha T\right) = 0,$$

mit

$$e = \varepsilon_{xx} + \varepsilon_{yy} + \varepsilon_{zz}$$

$$\varepsilon_{zz} = \frac{1}{1-\mu}[-\mu(\varepsilon_{xx} + \varepsilon_{yy}) + (1+\mu)\alpha T],$$

also

$$e = \frac{1}{1-\mu}[(1-2\mu)(\varepsilon_{xx} + \varepsilon_{yy}) + (1+\mu)\alpha T]$$

und damit dann weiter entsprechend den Gl. (II, 10)

$$\left.\begin{aligned}\sigma_{xx} = 2G\left[\varepsilon_{xx} + \frac{\mu}{1-2\mu}e - \frac{1+\mu}{1-2\mu}\alpha T\right] &= \\ &= \frac{2G}{1-\mu}[\varepsilon_{xx} + \mu\varepsilon_{yy} - (1+\mu)\alpha T], \\ \sigma_{yy} = \frac{2G}{1-\mu}[\varepsilon_{yy} + \mu\varepsilon_{xx} - (1+\mu)\alpha T], & \\ \sigma_{xy} = 2G\varepsilon_{xy}. & \end{aligned}\right\} \quad (V, 12)$$

Die Gleichgewichtsgleichungen (II, 1), von denen wegen

$$\sigma_{zz} = \sigma_{zx} = \sigma_{yz} = 0$$

nur die beiden ersten übrig bleiben, also

$$\frac{\partial \sigma_{xx}}{\partial x} + \frac{\partial \sigma_{xy}}{\partial y} = 0, \quad \frac{\partial \sigma_{xy}}{\partial x} + \frac{\partial \sigma_{yy}}{\partial y} = 0,$$

ergeben mit den vorstehenden Werten für die Spannungen

$$\frac{\partial \varepsilon_{xx}}{\partial x} + \mu\frac{\partial \varepsilon_{yy}}{\partial x} - (1+\mu)\alpha\frac{\partial T}{\partial x} + (1-\mu)\frac{\partial \varepsilon_{xy}}{\partial y} = 0$$

und eine zweite ähnliche, die durch Vertauschung von x mit y erhalten wird. Drücken wir hierin die Dehnungen gemäß den Gl. (II, 2) durch die Verschiebungen u und v aus, so erhalten wir

$$\frac{\partial^2 u}{\partial x^2} + \mu\frac{\partial^2 v}{\partial x \partial y} + (1-\mu)\frac{1}{2}\left(\frac{\partial^2 u}{\partial y^2} + \frac{\partial^2 v}{\partial x \partial y}\right) - (1+\mu)\alpha\frac{\partial T}{\partial x} = 0,$$

oder nach einer einfachen Umformung

$$(1-\mu)\Delta u + (1+\mu)\frac{\partial}{\partial x}\left(\frac{\partial u}{\partial x} + \frac{\partial v}{\partial y}\right) - 2(1+\mu)\alpha\frac{\partial T}{\partial x} = 0.$$

Nun versuchen wir wiederum eine Lösung durch Einführung eines thermisch-elastischen Verschiebungspotentials Ψ zu erhalten, wobei

$$u = \frac{\partial \Psi}{\partial x}, \quad v = \frac{\partial \Psi}{\partial y} \qquad (V, 13)$$

sein soll. Dies führt für Ψ zu der Gleichung

$$(1 - \mu) \frac{\partial}{\partial x} \Delta \Psi + (1 + \mu) \frac{\partial}{\partial x} \Delta \Psi - 2(1 + \mu) \alpha \frac{\partial T}{\partial x} = 0,$$

oder nach Integration über dx

$$\Delta \Psi = (1 + \mu) \alpha T. \qquad (V, 14)$$

Haben wir ein partikulares Integral dieser Gleichung ermittelt, so können die Dehnungen aus (V, 13), und (II, 3) durch die Gleichungen

$$\left. \begin{array}{l} \bar{\varepsilon}_{xx} = \dfrac{\partial^2 \Psi}{\partial x^2}, \quad \bar{\varepsilon}_{yy} = \dfrac{\partial^2 \Psi}{\partial y^2}, \quad \bar{\varepsilon}_{xy} = \dfrac{\partial^2 \Psi}{\partial x \partial y}, \\ \bar{\varepsilon}_{zz} = \dfrac{1}{1 - \mu} [-\mu (\bar{\varepsilon}_{xx} + \bar{\varepsilon}_{yy}) + (1 + \mu) \alpha T] = \Delta \Psi = (1 + \mu) \alpha T \end{array} \right\} (V, 15)$$

ausgedrückt werden. Für die Spannungen erhalten wir, wenn die Werte für die Dehnungen nach Gl. (V, 15) in den Gleichungen für die Spannungen (V, 12) eingesetzt werden,

$$\left. \begin{array}{l} \bar{\sigma}_{xx} = \dfrac{2G}{1 - \mu} [\bar{\varepsilon}_{xx} + \mu \bar{\varepsilon}_{yy} - (1 + \mu) \alpha T] = -2G \dfrac{\partial^2 \Psi}{\partial y^2}, \\ \bar{\sigma}_{yy} = -2G \dfrac{\partial^2 \Psi}{\partial x^2}, \\ \bar{\sigma}_{xy} = 2G \dfrac{\partial^2 \Psi}{\partial x \partial y}, \quad \bar{\sigma}_{zz} = 0. \end{array} \right\} (V, 16)$$

Auch in diesem Falle werden die Randbedingungen, die sich aus der eben gefundenen Lösung ergeben, im allgemeinen nicht mit den vorgegebenen Randwerten übereinstimmen. Es ist also in der Regel auch bei der Scheibe, also beim ebenen Spannungszustand, notwendig, eine Lösung zu überlagern, welche die verlangten Randwerte herstellt. Die Spannungen können bei einem ebenen Spannungszustand ebenso wie beim ebenen Verzerrungszustand mittels der AIRYschen Spannungsfunktion F, welche der Differentialgleichung (V, 7)

$$\Delta \Delta F = 0$$

genügt, erhalten werden. Die Spannungen betragen so wie früher (V, 6)

$$\bar{\bar{\sigma}}_{xx} = \frac{\partial^2 F}{\partial y^2}, \quad \bar{\bar{\sigma}}_{yy} = \frac{\partial^2 F}{\partial x^2}, \quad \bar{\bar{\sigma}}_{xy} = -\frac{\partial^2 F}{\partial x \partial y}, \quad \bar{\bar{\sigma}}_{zz} = 0.$$

Ebenso wie bei dem ebenen Verzerrungszustand werden auch hier durch die Wahl

$$F = 2G\Psi$$

nicht nur die Randspannungen, sondern die Spannungen überhaupt zum Verschwinden gebracht. Es gilt dies aber wie dort nur für einen stationären Temperaturzustand, denn nur dann ist

$$\Delta\Delta F = 2\,G\,\Delta\Delta\Psi = 2\,G\,(1+\mu)\,\alpha\,\Delta T = 0.$$

Dabei ist aber ebenso wie bei dem ebenen Verzerrungszustand darauf zu achten, daß die Verschiebungen eindeutig bleiben. Die Bedingungen hierfür sind die gleichen wie dort; es darf also in dem vorgelegten Bereich keine geschlossene Kurve geben, die eine Quelle $\log(z-a)$ oder $1/(z-a)$ umschließt.

Nach der Überlagerung ergeben sich demnach die Spannungen

$$\left.\begin{array}{l}\sigma_{xx} = \bar{\sigma}_{xx} + \bar{\bar{\sigma}}_{xx} = \dfrac{\partial^2}{\partial y^2}\,[-2\,G\,\Psi + F],\\[6pt]\sigma_{yy} = \dfrac{\partial^2}{\partial x^2}\,[-2\,G\,\Psi + F],\\[6pt]\sigma_{xy} = \dfrac{\partial^2}{\partial x\,\partial y}\,[2\,G\,\Psi - F],\quad \sigma_{zz} = 0\end{array}\right\} \quad (V,\,17)$$

und die Dehnungen

$$\left.\begin{array}{l}\varepsilon_{xx} = \bar{\varepsilon}_{xx} + \bar{\bar{\varepsilon}}_{xx} = \dfrac{1}{2\,G\,(1+\mu)}\left[\dfrac{\partial^2 F}{\partial y^2} - \mu\,\dfrac{\partial^2 F}{\partial x^2}\right] + \dfrac{\partial^2 \Psi}{\partial x^2},\\[6pt]\varepsilon_{yy} = \dfrac{1}{2\,G\,(1+\mu)}\left[\dfrac{\partial^2 F}{\partial x^2} - \mu\,\dfrac{\partial^2 F}{\partial y^2}\right] + \dfrac{\partial^2 \Psi}{\partial y^2},\\[6pt]\varepsilon_{zz} = \Delta\left[-\dfrac{\mu}{2\,G\,(1+\mu)}\cdot F + \Psi\right]\end{array}\right\} \quad (V,\,18)$$

und wenn im besonderen $F = 2\,G\,\Psi$ ist, die Spannungen

$$\sigma_{xx} = \sigma_{yy} = \sigma_{zz} = \sigma_{xy} = 0$$

und die Dehnungen

$$\varepsilon_{xx} = \varepsilon_{yy} = \varepsilon_{zz} = \alpha\,T,\quad \varepsilon_{xy} = 0.$$

3. Wärmespannungen in Scheiben mit Wärmeabgabe an den Oberflächen. Wir wollen nun den Fall behandeln, daß an den Oberflächen zufolge des Temperaturunterschiedes zwischen der Scheibe und der Umgebung ein Wärmeaustausch stattfindet und wollen zunächst die Differentialgleichung für das Temperaturfeld unter der Voraussetzung eines stationären Zustandes aufstellen. Zu diesem Zwecke betrachten wir ein Element der Scheibe, das in der Scheibenebene von den Flächen-

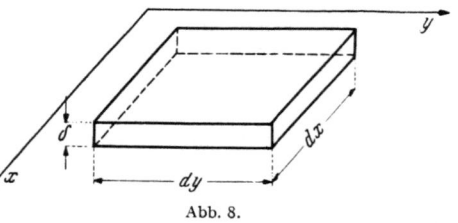

Abb. 8.

elementen $dx \cdot dy$ begrenzt ist und dessen Höhe, entsprechend der Scheibendicke δ beträgt. Die Ansicht dieses unendlich kleinen Prismas ist in Abb. 8 dargestellt. Wir stellen nun die Wärmebilanz für dieses Prisma auf. Auf der dem Koordinatenursprung zugekehrten Seitenfläche $\delta \cdot dy$ tritt nach Gl. (I, 4) die Wärmemenge $-\lambda\,\dfrac{\partial T}{\partial x}\,\delta\,dy$ ein, während auf der gegen-

28　Wärmespannungen infolge zweidimensionaler Temperaturfelder.

überliegenden Fläche, an der die Temperatur um $\dfrac{\partial T}{\partial x} dx$ zugenommen hat, die Wärmemenge $-\lambda \left[\dfrac{\partial T}{\partial x} + \dfrac{\partial^2 T}{\partial x^2} dx\right] \delta \, dy$ wieder austritt. In der Richtung der X-Achse tritt demnach die Wärmemenge $\lambda \dfrac{\partial^2 T}{\partial x^2} \delta \, dx \, dy$ ein; dieselbe Überlegung ergibt in der Y-Richtung den Betrag $\lambda \dfrac{\partial^2 T}{\partial y^2} \delta \, dx \, dy$.
An den beiden Oberflächenelementen wird nach Gl. (I, 7) die Wärmemenge $2 k (T - \theta) \, dx \, dy$ abgegeben, wenn die Temperatur der Umgebung θ beträgt. Da bei einem stationären Zustand die Temperatur unabhängig von der Zeit ist, so muß auch die in dem unendlich kleinen Prisma enthaltene Wärmemenge konstant bleiben, d. h. die einströmende Wärmemenge gleich der ausströmenden sein. Dies ergibt nach Kürzung durch $dx \cdot dy$ die Gleichung

$$\frac{\partial^2 T}{\partial x^2} + \frac{\partial^2 T}{\partial y^2} - m^2 (T - \theta) = 0, \qquad (V, 19)$$

worin zur Abkürzung

$$m^2 = \frac{2 k}{\lambda \, \delta}$$

gesetzt worden ist.

Wir führen als neue Unbekannte

$$\mathfrak{T} = T - \theta$$

ein; damit erhalten wir für $\mathfrak{T}$ die Differentialgleichung

$$\Delta \mathfrak{T} = m^2 \mathfrak{T} - \Delta \theta.$$

Unter der Voraussetzung, daß

$$\Delta \theta = 0$$

ist, wie es in dem zumeist vorkommenden Fall einer konstanten Temperatur der Umgebung zutrifft, lautet die Differentialgleichung für $\mathfrak{T}$

$$\Delta \mathfrak{T} = m^2 \mathfrak{T}. \qquad (V, 20)$$

Es handelt sich nun darum, ein partikulares Integral der Differentialgleichung (V, 14)

$$\Delta \Psi = (1 + \mu) \, \alpha \, T = (1 + \mu) \, \alpha \, (\mathfrak{T} + \theta)$$

zu finden; wenn θ den in Abschnitt III erörterten Bedingungen genügt, wird das Temperaturfeld θ keine Spannungen hervorrufen. Es kann also dann in der letzten Gleichung θ weggelassen werden und die Differentialgleichung für Ψ hat die Gestalt

$$\Delta \Psi = (1 + \mu) \, \alpha \, \mathfrak{T}. \qquad (V, 21)$$

Wir erkennen unschwer, daß eine partikulare Lösung dieser Gleichung

$$\Psi = (1 + \mu) \frac{\alpha}{m^2} \mathfrak{T} \qquad (V, 22)$$

lautet. Man braucht diesen Ausdruck bloß in die Gl. (V, 21) einzusetzen und erhält wegen der Gl. (V, 20)

$$\Delta \Psi = (1 + \mu) \, \alpha \, \frac{\Delta \mathfrak{T}}{m^2} = (1 + \mu) \, \alpha \, \mathfrak{T}.$$

Damit ergeben sich nach den Gl. (V, 16) und (II, 8) für die Spannungen die Werte

$$\left. \begin{aligned} \bar{\sigma}_{xx} &= -2G(1+\mu)\frac{\alpha}{m^2} \cdot \frac{\partial^2 \mathfrak{T}}{\partial y^2} = -\frac{E\alpha}{m^2} \frac{\partial^2 \mathfrak{T}}{\partial y^2}, \\ \bar{\sigma}_{yy} &= -\frac{E\alpha}{m^2} \frac{\partial^2 \mathfrak{T}}{\partial x^2}, \\ \bar{\sigma}_{xy} &= \frac{E\alpha}{m^2} \frac{\partial^2 \mathfrak{T}}{\partial x \, \partial y} \end{aligned} \right\} \quad (V, 23)$$

und die Verschiebungen nach (V, 13)

$$\bar{u} = (1+\mu)\frac{\alpha}{m^2}\frac{\partial \mathfrak{T}}{\partial x} \quad \text{und} \quad \bar{v} = (1+\mu)\frac{\alpha}{m^2}\frac{\partial \mathfrak{T}}{\partial y}.$$

Erfüllen diese Spannungen noch nicht die Randbedingungen, so ist ein weiterer Spannungszustand $\bar{\bar{\sigma}}_{xx}, \bar{\bar{\sigma}}_{yy}, \bar{\bar{\sigma}}_{xy}$ hinzuzufügen; derselbe ist so zu bestimmen, daß die Summe der Spannungen $\sigma = \bar{\sigma} + \bar{\bar{\sigma}}$ die Randbedingungen erfüllt, also daß z. B. der Rand spannungsfrei wird.

VI. Beispiele zu Abschnitt V.

1. Wärmespannungen bei einem ebenen Verzerrungszustand eines dicken Rohres (Abb. 9). Die Innenfläche eines kreisrunden Rohres mit dem Halbmesser a werde auf der konstanten Temperatur T_1, die Außenfläche mit dem Radius b konstant auf 0° gehalten. Wenn sich die Querschnitte nicht in der Längsrichtung verformen können, liegt ein ebener Verzerrungszustand vor. Dies trifft für ein genügend langes Rohr zu, wenn von den Querschnitten in der Nähe der Rohrenden abgesehen wird[1].

Wir benützen vorteilhaft Zylinderkoordinaten, wobei die Z-Achse in die Rohrachse fällt, und legen einen Punkt der Querschnittsfläche durch die Angabe des Radius r und des Winkels φ fest. Zwischen

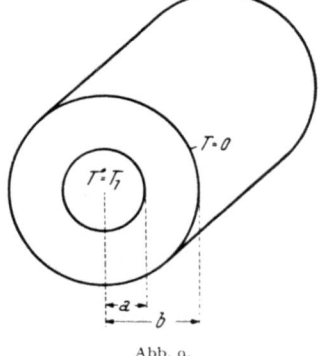

Abb. 9.

den bisher verwendeten kartesischen Koordinaten und den neuen Polarkoordinaten bestehen die Gleichungen

$$x = r \cos \varphi, \quad y = r \sin \varphi.$$

---

[1] LEON (1), (2), (3) und LORENZ.

Beispiele zu Abschnitt V.

Wir erinnern daran, daß der LAPLACEsche Operator in Zylinderkoordinaten die Form

$$\Delta = \frac{\partial^2}{\partial x^2} + \frac{\partial^2}{\partial y^2} = \frac{\partial^2}{\partial r^2} + \frac{1}{r}\frac{\partial}{\partial r} + \frac{1}{r^2}\frac{\partial^2}{\partial \varphi^2} \qquad (VI, 1)$$

annimmt. Die AIRYsche Spannungsfunktion genügt daher in Polarkoordinaten der Gleichung

$$\left(\frac{\partial^2}{\partial r^2} + \frac{1}{r}\frac{\partial}{\partial r} + \frac{1}{r^2}\frac{\partial^2}{\partial \varphi^2}\right)^2 F = 0,$$

und wie weiters als bekannt vorausgesetzt werden möge, sind die Radialspannungen σ_{rr} durch

$$\sigma_{rr} = \frac{1}{r}\frac{\partial F}{\partial r} + \frac{1}{r^2}\frac{\partial^2 F}{\partial \varphi^2},$$

die Tangentialspannung durch

$$\sigma_{\varphi\varphi} = \frac{\partial^2 F}{\partial r^2}$$

und die Schubspannungen durch

$$\sigma_{r\varphi} = -\frac{\partial}{\partial r}\left(\frac{1}{r}\frac{\partial F}{\partial \varphi}\right)$$

ausgedrückt. Da im vorliegenden Falle axiale Symmetrie vorhanden ist, verschwinden die Ableitungen nach φ, und es ist

$$\left.\begin{array}{l}\Delta F = \dfrac{d^2 F}{dr^2} + \dfrac{1}{r}\dfrac{dF}{dr} = \dfrac{1}{r}\dfrac{d}{dr}\left(r\dfrac{dF}{dr}\right), \\[2mm] \sigma_{rr} = \dfrac{1}{r}\dfrac{dF}{dr}, \quad \sigma_{\varphi\varphi} = \dfrac{d^2 F}{dr^2}, \quad \sigma_{r\varphi} = 0.\end{array}\right\} \qquad (VI, 2)$$

Für die Temperaturverteilung T ergibt sich entsprechend Gl. (VI, 2) für den LAPLACEschen Operator die Gleichung

$$\Delta T = \frac{1}{r}\frac{d}{dr}\left(r\frac{dT}{dr}\right) = 0 \qquad (VI, 3)$$

mit den Randwerten $T = T_1$ für $r = a$ und $T = 0$ für $r = b$. Wir finden leicht bestätigt, daß die Lösung dieser Differentialgleichung

$$T = T_1 \frac{\log \dfrac{b}{r}}{\log \dfrac{b}{a}} = \frac{T_1}{\log \beta} \cdot \log \frac{b}{r} \qquad \left(\beta = \frac{b}{a}\right) \qquad (VI, 4)$$

lautet. Es wurde bereits in Abschn. III darauf hingewiesen, daß dieses Temperaturfeld Spannungen hervorruft; diese sollen nunmehr bestimmt werden. Zunächst ergibt sich für das elastische Verschiebungspotential, welches wir ebenfalls von z und φ unabhängig annehmen, nach (V, 2), (VI, 3) und (VI, 4) die Gleichung

$$\frac{1}{r}\frac{d}{dr}\left(r\frac{d\Phi}{dr}\right) = \frac{1+\mu}{1-\mu}\alpha T = \frac{1+\mu}{1-\mu}\alpha \frac{T_1}{\log \beta}\log\frac{b}{r},$$

deren partikulare Lösung

$$\Phi = \frac{K}{\log \beta} r^2 \left(\log \frac{b}{r} + 1\right), \qquad (VI, 5)$$

Wärmespannungen bei einem ebenen Verzerrungszustand eines dicken Rohres.

wir im weiteren verwenden. Dabei wurde zur Abkürzung
$$K = \frac{1}{4}\frac{1+\mu}{1-\mu}\alpha T_1 \qquad (VI, 6)$$
gesetzt.

Nach den Gl. (V, 5) werden die Spannungen infolge des mit $-2G$ multiplizierten thermisch-elastischen Verschiebungspotentials durch dieselben Differentialoperationen wie jene bei einem ebenen Verzerrungszustand aus der AIRYschen Spannungsfunktion nach Gl. (VI, 2) erhalten. Es ist also die Radialspannung
$$\bar{\sigma}_{rr} = -2G\frac{1}{r}\frac{d\Phi}{dr} = -\frac{2GK}{\log\beta}\left(2\log\frac{b}{r}+1\right) \qquad (VI, 7a)$$
und die Tangentialspannung
$$\bar{\sigma}_{\varphi\varphi} = -2G\frac{d^2\Phi}{dr^2} = -\frac{2GK}{\log\beta}\left(2\log\frac{b}{r}-1\right). \qquad (VI, 7b)$$
Auf die innere Mantelfläche wirkt daher die Normalspannung $(r = a)$
$$p_a = -2GK\left(2+\frac{1}{\log\beta}\right) \qquad (VI, 8a)$$
und auf die äußere $(r = b)$
$$p_b = -\frac{2GK}{\log\beta}. \qquad (VI, 8b)$$

Die auftretenden Verschiebungen erhalten nach Gl. (V, 3) die Werte in radialer Richtung
$$\bar{u} = \frac{d\Phi}{dr} = \frac{K}{\log\beta}r\left(2\log\frac{b}{r}+1\right) \qquad (VI, 9a)$$
und in tangentialer Richtung
$$\bar{v} = \frac{1}{r}\frac{d\Phi}{d\varphi} = 0. \qquad (VI, 9b)$$
Sie sind also eindeutig.

Um die Radialspannungen p_a und p_b zum Verschwinden zu bringen, müssen wir nunmehr an der inneren Mantelfläche die Radialspannung (VI, 8a)
$$-p_a = 2GK\left(2+\frac{1}{\log\beta}\right)$$
und an der äußeren Mantelfläche (VI, 8b)
$$-p_b = \frac{2GK}{\log\beta}$$
angreifen lassen. Der hierdurch hervorgerufene Spannungszustand ist über den durch Φ nach Gl. (VI, 7) erzeugten zu überlagern. Die Spannungen in einem Rohr, das durch einen Innendruck $\sigma_r = -p_a$ und einen Außendruck $\sigma_r = -p_b$ beansprucht wird, sind aber bekannt. Sie betragen:
$$\left.\begin{array}{l}\sigma_{rr} = \dfrac{1}{b^2-a^2}\left[a^2 p_a\left(1-\dfrac{b^2}{r^2}\right)-b^2 p_b\left(1-\dfrac{a^2}{r^2}\right)\right], \\[2mm] \sigma_{\varphi\varphi} = \dfrac{1}{b^2-a^2}\left[a^2 p_a\left(1+\dfrac{b^2}{r^2}\right)-b^2 p_b\left(1+\dfrac{a^2}{r^2}\right)\right].\end{array}\right\} \qquad (VI, 10)$$

Mit den Werten für p_a und p_b nach den Gl. (VI, 8) ergeben sich für die Spannungen die Ausdrücke

$$\begin{aligned}
\bar{\bar{\sigma}}_{rr} &= -\frac{2GK}{b^2-a^2}\left[a^2\left(2+\frac{1}{\log\beta}\right)\left(1-\frac{b^2}{r^2}\right)-\frac{b^2}{\log\beta}\left(1-\frac{a^2}{r^2}\right)\right.= \\
&= 2GK\left[\frac{2\left(\frac{b^2}{r^2}-1\right)}{\beta^2-1}+\frac{1}{\log\beta}\right], \\
\bar{\bar{\sigma}}_{\varphi\varphi} &= -\frac{2GK}{b^2-a^2}\left[a^2\left(2+\frac{1}{\log\beta}\right)\left(1+\frac{b^2}{r^2}\right)-\frac{b^2}{\log\beta}\left(1+\frac{a^2}{r^2}\right)\right.= \\
&= 2GK\left[-\frac{2\left(\frac{b^2}{r^2}+1\right)}{\beta^2-1}+\frac{1}{\log\beta}\right].
\end{aligned} \quad \text{(VI, 11)}$$

Die Summen $\sigma_{rr} = \bar{\sigma}_{rr} + \bar{\bar{\sigma}}_{rr}$ bzw. $\sigma_{\varphi\varphi} = \bar{\sigma}_{\varphi\varphi} + \bar{\bar{\sigma}}_{\varphi\varphi}$ ergeben nach den Gl. (VI, 7) und (VI, 11) dann die endgültigen Spannungen

$$\begin{aligned}
\sigma_{rr} &= 2GK\left[-2\frac{\log\frac{b}{r}}{\log\beta}-\frac{1}{\log\beta}+\frac{2\left(\frac{b^2}{r^2}-1\right)}{\beta^2-1}+\frac{1}{\log\beta}\right]= \\
&= -4GK\left[\frac{\log\frac{b}{r}}{\log\frac{b}{a}}-\frac{\frac{b^2}{r^2}-1}{\frac{b^2}{a^2}-1}\right], \\
\sigma_{\varphi\varphi} &= 2GK\left[-2\frac{\log\frac{b}{r}}{\log\beta}+\frac{1}{\log\beta}-\frac{2\left(\frac{b^2}{r^2}+1\right)}{\beta^2-1}+\frac{1}{\log\beta}\right] \\
&= -4GK\left[\frac{\log\frac{b}{r}-1}{\log\frac{b}{a}}+\frac{\frac{b^2}{r^2}+1}{\frac{b^2}{a^2}-1}\right].
\end{aligned} \quad \text{(VI, 12)}$$

Die Verschiebungen, die zu diesem Spannungszustand gehören, sind eindeutig, weil auch die Spannungen σ_{rr} und $\sigma_{\varphi\varphi}$ eindeutige Verschiebungszustände bedingen.

Die Normalspannung σ_{zz} wird aus der Gl. (V, 8) erhalten; da die Summe der Normalspannungen eine Invariante ist, kann man $\bar{\bar{\sigma}}_{xx} + \bar{\bar{\sigma}}_{yy}$ durch $\bar{\bar{\sigma}}_{rr} + \bar{\bar{\sigma}}_{\varphi\varphi}$ ersetzen und erhält

$$\sigma_{zz} = -2G\frac{1+\mu}{1-\mu}\alpha T + \mu(\bar{\bar{\sigma}}_{rr}+\bar{\bar{\sigma}}_{\varphi\varphi}) = -4GK\left[\frac{2\log\frac{b}{r}-\mu}{\log\frac{b}{a}}+\frac{2\mu}{\frac{b^2}{a^2}-1}\right].$$

2. Wärmespannungen im dickwandigen Rohr bei nicht axialsymmetrischer, stationärer Temperaturverteilung[1]. Wir betrachten jetzt ein dickwandiges Rohr, an dessen Innenwand $r = a$ eine beliebig vorgegebene, vom Polarwinkel φ abhängige Temperatur $\theta_1(\varphi)$ herrsche. Ebenso sei an der Rohraußenwand $r = b$ die Temperatur $\theta_2(\varphi)$ vorgegeben. Die

---

[1] SCHAU, STODOLA.

Rohrwandtemperatur $T(r, \varphi)$ muß dann eine in φ periodische Funktion mit der Periode 2π sein, welche der Differentialgleichung $\Delta T = 0$ genügt. Die allgemeine derartige Funktion ist

$$T = \sum_{n=1}^{\infty}[(a_n r^n + b_n r^{-n}) \cos n\varphi + (c_n r^n + d_n r^{-n})] \sin n\varphi \quad \text{(VI, 13)}$$

mit zunächst noch unbestimmten Konstanten $a_n \ldots d_n$. Von φ unabhängige (achssymmetrische) Temperaturanteile sind im Ansatz (VI, 13) nicht mit einbezogen; sie wurden bereits in Ziffer VI, 1 behandelt.

Die Koeffizienten $a_n \ldots d_n$ werden aus den Randbedingungen in $r = a$ und $r = b$ bestimmt, indem man die dort vorgegebenen Randtemperaturen in Fourierreihen nach φ entwickelt und die Koeffizienten vergleicht.

Zur Berechnung der Wärmespannungen greifen wir auf die Gl. (V, 8) zurück, die, wie schon in Ziffer VI, 1 gezeigt wurde, in den hier verwendeten Polarkoordinaten r, φ die Form haben:

$$\left. \begin{array}{l} \sigma_{rr} = \left(\dfrac{1}{r}\dfrac{\partial}{\partial r} + \dfrac{1}{r^2}\dfrac{\partial^2}{\partial \varphi^2}\right)(F - 2G\Phi), \quad \sigma_{\varphi\varphi} = \dfrac{\partial^2}{\partial r^2}(F - 2G\Phi), \\ \sigma_{r\varphi} = -\dfrac{\partial}{\partial r}\left[\dfrac{1}{r}\dfrac{\partial}{\partial \varphi}(F - 2G\Phi)\right], \quad \sigma_{zz} = \Delta(\mu F - 2G\Phi). \end{array} \right\} \quad \text{(VI, 14)}$$

Φ ist das thermische Verschiebungspotential, das der Differentialgleichung $\Delta \Phi = \dfrac{1+\mu}{1-\mu} \alpha T$ genügt, und F ist die AIRYsche Spannungsfunktion, welche die Differentialgleichung $\Delta \Delta F = 0$ erfüllt.

In Ziffer III, 2 wurde gezeigt, daß ein ebenes Temperaturfeld spannungsfrei bleibt, wenn das Integral $\int Q(t) \, dt$, erstreckt über jede ganz im Bereich liegende geschlossene Kurve, verschwindet. Die zur Temperaturverteilung (VI, 13) gehörige Funktion $Q(t)$ ist, wie man leicht nachprüft (T muß der Realanteil der analytischen Funktion Q sein):

$$Q(t) = \sum_{n=1}^{\infty}[(a_n + i c_n) t^n + (b_n + i d_n)] t^{-n}, \quad t = r e^{i\varphi}. \quad \text{(VI, 15)}$$

Man sieht sofort, daß nur das Glied $(b_1 + i d_1) t^{-1} = \dfrac{1}{r} e^{-i\varphi}(b_1 + i d_1)$ einen von Null verschiedenen Beitrag zum Kurvenintegral liefert. Mit anderen Worten: Nur die zu $1/r$ proportionalen Glieder in der Reihenentwicklung (VI, 13) geben zu Wärmespannungen σ_{rr}, $\sigma_{r\varphi}$, $\sigma_{\varphi\varphi}$ Anlaß; alle anderen Glieder rufen nur Axialspannungen σ_{zz} hervor.

Um die weitere Rechnung übersichtlicher zu gestalten, beschränken wir uns zunächst auf die Untersuchung der in φ symmetrischen Glieder der Temperaturverteilung (VI, 13), d. h. wir betrachten zunächst nur die Kosinusterme. Die Behandlung der Sinusglieder, also der antisymmetrischen Anteile, geht in genau der gleichen Weise vor sich.

Von den Kosinusgliedern wiederum greifen wir zuerst die „höheren Harmonischen", d. h. die Terme mit $n = 2, 3, \ldots$ heraus. Sie rufen, wie eben gezeigt wurde, nur Axialspannungen hervor. Die Form der Reihe (VI, 13) legt hierbei die folgenden Ansätze für Φ und F nahe:

$$2G\Phi = \sum_{n=2}^{\infty}(A_n r^{n+2} + B_n r^{-n+2})\cos n\varphi,$$
$$F = \sum_{n=2}^{\infty}(C_n r^n + D_n r^{-n} + E_n r^{n+2} + F_n r^{-n+2})\cos n\varphi.$$
(VI, 16)

Man rechnet leicht nach, daß

$$\Delta\Phi = \frac{2}{G}\sum_{n=2}^{\infty}[(n+1)A_n r^n - (n-1)B_n r^{-n}]\cos n\varphi, \quad \Delta\Delta F = 0.$$

Durch Einsetzen von $\Delta\Phi$ und T in die Differentialgleichung $\Delta\Phi = \frac{1+\mu}{1-\mu}\alpha T$ erhält man für die Koeffizienten A_n und B_n:

$$A_n = \frac{1+\mu}{1-\mu}\frac{\alpha G}{2(1+n)}a_n, \quad B_n = \frac{1+\mu}{1-\mu}\frac{\alpha G}{2(1-n)}b_n \quad (n = 2, 3, \ldots).$$
(VI, 17)

Die Koeffizienten $C_n \ldots F_n$ werden mit Hilfe der Randbedingungen gewonnen. Diese verlangen, daß in $r = a$ und $r = b$ die Radialspannung σ_{rr} und die Schubspannung $\sigma_{r\varphi}$ verschwinden. Die Gl. (VI, 14) liefern hierfür nach Ausführung der entsprechenden Differentiationen, wenn man beachtet, daß die Koeffizienten der einzelnen Kosinus- bzw. Sinusglieder für sich verschwinden müssen, in $r = a$:

$$n(1-n)C_n a^{n-2} - n(1+n)D_n a^{-n-2} + (1+n)(2-n)(E_n - A_n)a^n +$$
$$+ (1-n)(2+n)(F_n - B_n)a^{-n} = 0,$$
$$(1-n)C_n a^{n-2} + (1+n)D_n a^{-n-2} - (1+n)(E_n - A_n)a^n -$$
$$- (1-n)(F_n - B_n)a^{-n} = 0$$

und zwei weitere analoge Gleichungen (mit b statt a) in $r = b$. Zusammen sind das vier homogene Gleichungen für die vier Konstanten C_n, D_n, $E_n - A_n$, $F_n - B_n$. Da die Determinante des Gleichungssystems nicht verschwindet, existieren nur die Lösung

$$C_n = D_n = E_n - A_n = F_n - B_n = 0 \quad (n = 2, 3, \ldots)$$

und es ist demnach

$$2G\Phi = F.$$

Damit verschwinden aber nach Gl. (VI, 14) in der Tat alle von den höheren Harmonischen hervorgerufenen Spannungen mit Ausnahme der Spannungen σ_{zz}. Für diese erhält man aus der letzten Gl. (VI, 14) mit $E_n = A_n$, $F_n = B_n$ und mit Benützung der Gl. (VI, 17):

$$\sigma_{zz} = -2(1+\mu)\alpha G\sum_{n=2}^{\infty}[a_n r^n + b_n r^{-n}]\cos n\varphi \quad \text{(VI, 18)}$$

in Übereinstimmung mit Gl. (V, 10).

Analoge Ausdrücke ergeben sich für die antisymmetrischen Glieder der Temperaturverteilung.

Es bleiben jetzt noch die Temperaturglieder mit $n = 1$ zu untersuchen. Hierfür machen wir die Ansätze

$$2 G \Phi = (A_1 r^3 + B_1 r \log r) \cos \varphi, \quad F = (D_1 r^{-1} + E_1 r^3) \cos \varphi. \quad \text{(VI, 19)}$$

Für sie gilt

$$\Delta \Phi = \frac{1}{G} \left(4 A_1 r + \frac{B_1}{r} \right) \cos \varphi, \quad \Delta \Delta F = 0.$$

Aus der Gleichung $\Delta \Phi = \frac{1+\mu}{1-\mu} \alpha T$ folgt

$$A_1 = \frac{1+\mu}{1-\mu} \frac{\alpha G}{4} a_1, \quad B_1 = \frac{1+\mu}{1-\mu} \alpha G b_1. \quad \text{(VI, 20)}$$

Gemäß Gl. (VI, 14) gehören hierzu die Spannungen

$$\sigma_{rr} = \left[-2 \frac{D_1}{r^3} + 2 (E_1 - A_1) r - \frac{B_1}{r} \right] \cos \varphi,$$

$$\sigma_{r\varphi} = \left[-2 \frac{D_1}{r^3} + 2 (E_1 - A_1) r - \frac{B_1}{r} \right] \sin \varphi,$$

$$\sigma_{\varphi\varphi} = \left[2 \frac{D_1}{r^3} + 6 (E_1 - A_1) r - \frac{B_1}{r} \right] \cos \varphi,$$

$$\sigma_{zz} = 2 \left[4 (\mu E_1 - A_1) r - \frac{B_1}{r} \right] \cos \varphi.$$

Man sieht, daß die von r abhängigen Faktoren in σ_{rr} und $\sigma_{r\varphi}$ identisch sind, so daß es gelingt, die vier Randbedingungen $\sigma_{rr} = \sigma_{r\varphi} = 0$ in $r = a$ und $r = b$ mit nur zwei Konstanten D_1 und E_1 zu erfüllen. Man erhält:

$$D_1 = \frac{-a^2 b^2}{2 (a^2 + b^2)} B_1, \quad E_1 = A_1 + \frac{B_1}{2 (a^2 + b^2)}. \quad \text{(VI, 21)}$$

A_1 und B_1 sind hierbei durch die Gl. (VI, 20) gegeben. Analoge Ausdrücke gelten für die mit $\sin \varphi$ behafteten Temperaturglieder.

Damit ist die Aufgabe im wesentlichen gelöst. Man bestätigt unmittelbar (indem man b_1 und damit B_1 gleich Null setzt) die eingangs gezeigte Tatsache, daß nur die mit $1/r$ proportionalen Temperaturglieder andere als Axialspannungen hervorrufen.

Zusammenfassend kann man die folgenden Formeln als Endergebnis hinschreiben:

$$\left.\begin{aligned}
\sigma_{rr} &= -\frac{1+\mu}{1-\mu} \alpha G \frac{r}{a^2+b^2} \left(1 - \frac{a^2}{r^2}\right)\left(\frac{b^2}{r^2} - 1\right) (b_1 \cos \varphi + d_1 \sin \varphi), \\
\sigma_{r\varphi} &= -\frac{1+\mu}{1-\mu} \alpha G \frac{r}{a^2+b^2} \left(1 - \frac{a^2}{r^2}\right)\left(\frac{b^2}{r^2} - 1\right) (b_1 \sin \varphi - d_1 \cos \varphi), \\
\sigma_{\varphi\varphi} &= \frac{1+\mu}{1-\mu} \alpha G \frac{r}{a^2+b^2} \left(3 - \frac{a^2+b^2}{r^2} - \frac{a^2 b^2}{r^4}\right) (b_1 \cos \varphi + d_1 \sin \varphi), \\
\sigma_{zz} &= 2 (1+\mu) \alpha G \left[\frac{\mu}{1-\mu} \frac{r}{a^2+b^2}\left(2 - \frac{a^2+b^2}{r^2}\right) \right. \\
&\quad \left. \cdot (b_1 \cos \varphi + d_1 \sin \varphi) - T\right].
\end{aligned}\right\} \quad \text{(VI, 22)}$$

Die Resultierende der Axialspannungen σ_{zz} verschwindet. Die Verschiebungen sind, wie man den Ausdrücken für Φ und F unmittelbar entnimmt, eindeutig.

3. Wärmespannungen in einer Kreisringscheibe. Die Spannungen für die Kreisringscheibe lassen sich sofort angeben, wenn man bedenkt, daß an Stelle des Verschiebungspotentials Φ mit der Differentialgleichung (V, 2)

$$\Delta\Phi = \frac{1+\mu}{1-\mu}\alpha T$$

nunmehr Ψ mit der Differentialgleichung (V, 14)

$$\Delta\Psi = (1+\mu)\alpha T$$

tritt. Es ist sonach die bisher verwendete Größe K nach Gl. (VI, 6) in Ziffer 1, wenn es sich um eine achssymmetrische Temperaturverteilung handelt,

$$K = \frac{1}{4}\frac{1+\mu}{1-\mu}\alpha T_1$$

durch

$$L = \frac{1}{4}(1+\mu)\alpha T_1$$

zu ersetzen; für die Spannungen ergibt sich daher jetzt (vgl. Gl. (VI, 12)

$$\left.\begin{aligned}\sigma_{rr} &= -4GL\left[\frac{\log\frac{b}{r}}{\log\frac{b}{a}} - \frac{\frac{b^2}{r^2}-1}{\frac{b^2}{a^2}-1}\right], \\ \sigma_{\varphi\varphi} &= -4GL\left[\frac{\log\frac{b}{r}-1}{\log\frac{b}{a}} + \frac{\frac{b^2}{r^2}+1}{\frac{b^2}{a^2}-1}\right].\end{aligned}\right\} \quad \text{(VI, 23)}$$

Wir wollen diese Lösung mit jener vergleichen, die wir in Abschn. IV, 6 gefunden haben. Dort erhielten wir für den zu einem geschlossenen Kreisring gebogenen Stab bei einer Temperaturdifferenz $\Delta T = T_a - T_b$ die Randspannungen (IV, 17)

$$\sigma_{\varphi\varphi} = \pm\frac{E\alpha\Delta T}{2},$$

wobei das positive Vorzeichen für die äußere Randfaser ($r = b$), das negative für die innere Randfaser ($r = a$) gilt. In unserem Falle ist $T_b = 0$, $T_a = T_1$, also $\Delta T = T_1$. Setzt man $a = R - \delta$ und $b = R + \delta$, ferner $\varepsilon = \delta/R$, wobei ε eine sehr kleine Größe bedeutet, so wird für $r = b$ nach Gl. (VI, 23)

$$\sigma_{\varphi\varphi} = -4GL\left[\frac{-1}{\log\frac{1+\varepsilon}{1-\varepsilon}} + \frac{2}{\left(\frac{1+\varepsilon}{1-\varepsilon}\right)^2-1}\right] =$$

$$= G(1+\mu)\alpha\Delta T = \frac{E\alpha\Delta T}{2},$$

weil

$$\lim_{\varepsilon\to 0}\log\frac{1+\varepsilon}{1-\varepsilon} = 2\varepsilon;\quad \lim_{\varepsilon\to 0}\left(\frac{1+\varepsilon}{1-\varepsilon}\right)^2-1 = \frac{4\varepsilon}{1-2\varepsilon},$$

und für $r = a$

$$\sigma_{\varphi\varphi} = -4GL\left[1 - \frac{1}{\log\left(\frac{1+\varepsilon}{1-\varepsilon}\right)} + \frac{\left(\frac{1+\varepsilon}{1-\varepsilon}\right)^2 + 1}{\left(\frac{1+\varepsilon}{1-\varepsilon}\right)^2 - 1}\right] =$$

$$= -G(1+\mu)\alpha\Delta T = -\frac{E\alpha\Delta T}{2},$$

weil

$$\lim_{\varepsilon \to 0} \frac{\left(\frac{1+\varepsilon}{1-\varepsilon}\right)^2 + 1}{\left(\frac{1+\varepsilon}{1-\varepsilon}\right)^2 - 1} = \frac{1}{2\varepsilon}.$$

Die hier für die Kreisringscheibe gefundene Lösung geht also für einen schmalen Ring in die Lösung für den dünnen Stab über, welche in Abschn. IV, 6 ermittelt wurde.

4. Wärmespannungen einer vollen Kreisscheibe infolge einer Wärmequelle im Mittelpunkt. Der Radius der Kreisscheibe sei b; durch eine Wärmequelle im Mittelpunkt mit der Ergiebigkeit W möge derselben Wärme zugeführt werden. Der Rand $r = b$ soll auf der konstanten Temperatur $T = 0$ gehalten werden.

Die Lösung der Gl. (I, 6)

$$\Delta T = 0,$$

die im Innern der Scheibe mit Ausnahme von $r = 0$ erfüllt sein muß, lautet nach Gl. (VI, 4)

$$T = C \log \frac{b}{r}.$$

Die Gl. (V, 14)

$$\Delta \Psi = (1+\mu)\alpha T = C(1+\mu)\alpha \log \frac{b}{r} \qquad (VI, 24)$$

hat das partikulare Integral

$$\Psi = C(1+\mu)\alpha \frac{r^2}{4}\left(\log \frac{b}{r} + 1\right),$$

C kann aus der Bedingung bestimmt werden, daß durch einen Kreis mit dem Radius r die Wärmemenge W durchfließen muß. Es ist aber nach Gl. (I, 4), wenn δ die Dicke der Scheibe bedeutet,

$$W = -\lambda \frac{\partial T}{\partial r} 2\pi r \delta = C 2\lambda\pi\delta,$$

also

$$C = \frac{W}{2\lambda\pi\delta}. \qquad (VI, 25)$$

Damit wird

$$\Psi = (1+\mu)\alpha \frac{W}{8\lambda\pi\delta} r^2 \left(\log \frac{b}{r} + 1\right), \qquad (VI, 26)$$

so daß man die Spannungen erhält

$$\bar{\sigma}_{rr} = -2G\frac{1}{r}\frac{d\Psi}{dr} = -\frac{E\alpha W}{8\lambda\pi\delta}\left(2\log\frac{b}{r} + 1\right),$$
$$\bar{\sigma}_{\varphi\varphi} = -2G\frac{d^2\Psi}{dr^2} = -\frac{E\alpha W}{8\lambda\pi\delta}\left(2\log\frac{b}{r} - 1\right).$$
(VI, 27)

Man ersieht daraus, daß die Spannungen an der Stelle, wo die punktförmig konzentrierte Wärmequelle vorhanden ist, über alle Grenzen anwachsen.

Die Verschiebungen ergeben sich mit

$$\bar{u} = \frac{d\Psi}{dr} = (1+\mu)\,\alpha\,\frac{W}{8\lambda\pi\delta}\,r\left(2\log\frac{b}{r} + 1\right) \qquad \text{(VI, 28)}$$

und

$$\bar{v} = 0.$$

Die Radialverschiebung beträgt demnach

für $r = 0$ $\quad \bar{u} = 0$,

für $r = b$ $\quad \bar{u} = (1+\mu)\,\alpha\,\dfrac{W}{8\lambda\pi\delta}\,b.$

Am Rande $r = b$ ergibt sich die Radialspannung

$$p = -\frac{E\alpha W}{8\lambda\pi\delta}.$$

Um sie zum Verschwinden zu bringen, ist ein zweiter Spannungszustand zu überlagern, der einem nach allen Richtungen gleichen Zug von der Größe

$$\bar{\bar{\sigma}}_{rr} = \bar{\bar{\sigma}}_{\varphi\varphi} = -p, \quad \bar{\bar{\sigma}}_{r\varphi} = 0,$$
$$\bar{\bar{u}} = -\frac{(1-\mu)}{E}\,p\,r, \quad \bar{\bar{v}} = 0$$

entspricht. Die endgiltigen Spannungen und Verschiebungen sind dann durch

$$\sigma_{rr} = \bar{\sigma}_{rr} + \bar{\bar{\sigma}}_{rr}, \quad \sigma_{\varphi\varphi} = \bar{\sigma}_{\varphi\varphi} + \bar{\bar{\sigma}}_{\varphi\varphi},$$
$$u = \bar{u} + \bar{\bar{u}}$$

gegeben.

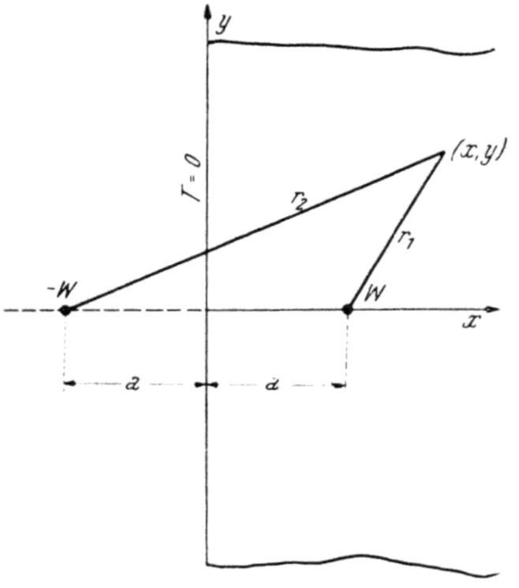

Abb. 10.

5. Wärmespannungen in der Halbebene infolge einer Wärmequelle im Abstand a vom Rand. Wir wollen die Temperaturverteilung in der Halbebene mit positiven x bestimmen, wenn sich an der Stelle $x = a$, $y = 0$ eine Wärmequelle mit der Ergiebigkeit W befindet (Abb. 10). Der Rand $x = 0$ werde auf der konstanten Temperatur T_0 gehalten; unbeschadet der Allgemeinheit können wir $T_0 = 0$ annehmen. Die Dicke der Scheibe sei δ.

Wir verwenden ein in der Potentialtheorie häufig angewendetes Hilfsmittel, um zu der gesuchten Lösung zu gelangen. Die Halbebene wird zur vollen Ebene erweitert und im Punkt $x = -a$, $y = 0$ eine Senke von der gleichen Größe wie die Quelle in $x = a$, $y = 0$ angenommen. Man sieht dann aus Symmetriegründen sofort, daß die Temperatur längs $x = 0$, wie verlangt, Null sein muß.

Da für eine konzentrierte Wärmequelle [s. Abschnitt VI, 4] die Temperatur dem Logarithmus des Abstandes des betreffenden Punktes von der Wärmequelle proportional ist, so ist das Temperaturfeld infolge der Wärmequelle in der positiven Halbebene durch $-C \log r_1$, durch die gleich große Senke in der negativen Halbebene durch $C \log r_2$, zusammen daher durch

$$T = C \log \frac{r_2}{r_1} \qquad (VI, 29)$$

gegeben, wobei

$$r_1 = \sqrt{(x-a)^2 + y^2} \quad \text{und} \quad r_2 = \sqrt{(x+a)^2 + y^2}$$

ist. Die Abb. 10 zeigt die Bedeutung dieser Größen.

Die Größe C bestimmt sich aus der Ergiebigkeit der Wärmequelle in der gleichen Weise wie in Abschn. VI, 4 mit

$$C = \frac{W}{2 \lambda \pi \delta}. \qquad (VI, 25)$$

Damit wird ebenso wie dort das thermisch-elastische Verschiebungspotential Ψ infolge der Quelle in $x = a$ nach Gl. (VI, 26)

$$\Psi_1 = -(1+\mu) \alpha \frac{W}{8 \lambda \pi \delta} r_1^2 (\log r_1 - 1) = -M r_1^2 (\log r_1 - 1)$$

und infolge der Senke in $x = -a$

$$\Psi_2 = (1+\mu) \alpha \frac{W}{8 \lambda \pi \delta} r_2^2 (\log r_2 - 1) = M r_2^2 (\log r_2 - 1),$$

also zusammen

$$\Psi = \Psi_1 + \Psi_2 = M \left[r_2^2 (\log r_2 - 1) - r_1^2 (\log r_1 - 1) \right] \qquad (VI, 30)$$

mit

$$M = (1+\mu) \alpha \frac{W}{8 \lambda \pi \delta}. \qquad (VI, 31)$$

Um die zur Berechnung der Spannung notwendigen Ableitungen von Ψ nach den Koordinaten x und y zu erhalten, schreiben wir zunächst die Ableitungen von r_2 und $\log r_2$ an

$$\frac{\partial r_2}{\partial x} = \frac{x+a}{r_2}, \quad \frac{\partial \log r_2}{\partial x} = \frac{(x+a)}{r_2^2}; \quad \frac{\partial r_2}{\partial y} = \frac{y}{r_2}, \quad \frac{\partial \log r_2}{\partial y} = \frac{y}{r_2^2}$$

und erhalten

$$\frac{\partial \Psi_2}{\partial x} = M(x+a)(2 \log r_2 - 1),$$

$$\frac{\partial^2 \Psi_2}{\partial x^2} = 2M \left(\log r_2 + \frac{(x+a)^2}{r_2^2} - \frac{1}{2} \right).$$

Beispiele zu Abschnitt V.

Die Ableitungen nach y ergeben sich durch Vertauschung von $x+a$ mit y

$$\frac{\partial \Psi_2}{\partial y} = M\,y\,(2\log r_2 - 1),$$

$$\frac{\partial^2 \Psi}{\partial y^2} = 2\,M\left(\log r_2 + \frac{y^2}{r_2^2} - \frac{1}{2}\right)$$

und endlich

$$\frac{\partial^2 \Psi}{\partial x\,\partial y} = 2\,M\,\frac{(x+a)\,y}{r_2^2}.$$

Die entsprechenden Ableitungen von Ψ_1 werden erhalten, wenn r_1 statt r_2, $-a$ statt $+a$ und $-M$ statt $+M$ gesetzt wird, so daß sich nach Multiplikation mit $-2\,G$ aus den Gl. (V, 16) ergibt:

$$\left.\begin{aligned}
\bar\sigma_{xx} &= -2\,G\,\frac{\partial^2 \Psi}{\partial y^2} = -4\,M\,G\left[\log\frac{r_2}{r_1} + y^2\left(\frac{1}{r_2^2} - \frac{1}{r_1^2}\right)\right], \\
\bar\sigma_{yy} &= -2\,G\,\frac{\partial^2 \Psi}{\partial x^2} = -4\,M\,G\left[\log\frac{r_2}{r_1} + \frac{(x+a)^2}{r_2^2} - \frac{(x-a)^2}{r_1^2}\right], \\
\bar\sigma_{xy} &= 2\,G\,\frac{\partial^2 \Psi}{\partial x\,\partial y} = 4\,M\,G\left[\frac{x+a}{r_2^2} - \frac{x-a}{r_1^2}\right]\cdot y.
\end{aligned}\right\} \quad \text{(VI, 32)}$$

Diese Lösung erfüllt bereits die Randbedingung $\sigma_{xx}=0$ für $x=0$, denn hier ist $r_1 = r_2$; hingegen nimmt σ_{xy}, welches für $x=0$ ebenfalls verschwinden sollte, den Wert

$$\bar\sigma_{xy} = 4\,G\,M\,\frac{2\,a\,y}{a^2 + y^2}$$

an. Es muß also eine Lösung überlagert werden, welche für $x=0$ die Randwerte

$$\sigma_{xy} = -4\,G\,M\,\frac{2\,a\,y}{a^2 + y^2}, \quad \bar\sigma_{xx} = 0 \qquad \text{(VI, 33)}$$

besitzt, in der Halbebene mit positiven x frei von Singularitäten ist und die man sich wie folgt beschaffen kann: Wirkt im Ursprung $x=0$ und $y=0$ der Halbebene mit positiven x eine Schubkraft P je Einheit der Scheibendicke in der Richtung der negativen y-Achse, während der Rand $x=0$ im übrigen frei von Spannungen ist, so ist die AIRYsche Spannungsfunktion bekannt und hat die Gestalt

$$\chi = -\frac{P}{\pi}\,x\,\operatorname{arctg}\frac{y}{x}.$$

Wenn also in einem Randpunkt mit der Ordinate v die infinitesimale Einzelkraft

$$dP = -4\,G\,M\,\frac{2\,a\,v}{a^2 + v^2}\,dv$$

angreift, so ergibt sich als AIRYsche Funktion der Ausdruck

$$dF = 4\,G\,M\,\frac{2\,a\,v}{\pi\,(a^2 + v^2)}\,x\,\operatorname{arctg}\frac{y-v}{x}\,dv$$

Wärmespannungen in der Halbebene.

und daraus für die Gesamtheit der Schubspannungen zwischen $-\infty$ und $+\infty$ durch Integration über dv

$$\left.\begin{aligned} F &= 4\,G\,M\,\frac{2\,a\,x}{\pi}\int_{-\infty}^{+\infty}\frac{v}{a^2+v^2}\,\text{arctg}\,\frac{y-v}{x}\,dv, \\ &= 4\,G\,M\,\frac{2\,a\,x}{\pi}\int_{0}^{\infty}\frac{v}{a^2+v^2}\left(\text{arctg}\,\frac{y-v}{x}-\text{arctg}\,\frac{y+v}{x}\right)dv. \end{aligned}\right\} \quad \text{(VI, 34)}$$

Abb. 11 zeigt die Halbebene mit positiven x und den zwei am Rande $x = 0$ an den Punkten $y = v$ und $y = -v$ angreifenden Kräften $dP = -4\,G\,M\,\dfrac{v}{a^2+v^2}\,dv$. Um das Integral (VI, 34) zu bestimmen, beachten wir, daß der Integrand der imaginäre Anteil der komplexen Funktion

$$\frac{v}{a^2+v^2}\left[\log\,(z-i\,v)-\log\,(z+i\,v)\right]$$

ist, wobei $z = x + i\,y$ bedeutet. Dementsprechend stellt F den imaginären Teil der Funktion

$$\Omega = \Psi + i\,F =$$
$$= 4\,G\,M\,\frac{2\,a\,x}{\pi}\int_{0}^{\infty}\frac{v}{a^2+v^2}\,[\log\,(z-i\,v)\,-$$
$$-\,\log\,(z+i\,v)]\,dv$$

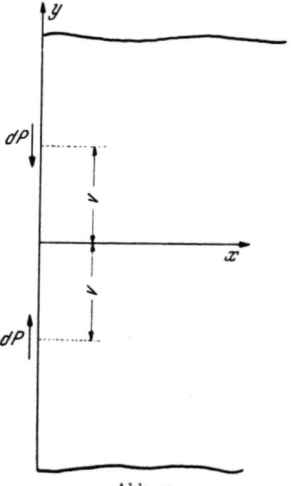

Abb. 11.

vor. Dieses Integral ermitteln wir in der Weise, daß wir nach dem Parameter z unter dem Integralzeichen differenzieren und $\dfrac{\partial \Omega}{\partial z}$ bestimmen. Setzt man

$$\frac{v}{a^2+v^2} = -\frac{i}{2}\left(\frac{1}{a-i\,v}-\frac{1}{a+i\,v}\right),$$

so erhält man wegen

$$\frac{d\log\,(z\pm i\,v)}{dz} = \frac{1}{z\pm i\,v}$$

durch Differentiation unter dem Integralzeichen nach z

$$\frac{\partial \Omega}{\partial z} = -\,4\,G\,M\,\frac{a\,x\,i}{\pi}\int_{0}^{\infty}\left(\frac{1}{a-i\,v}-\frac{1}{a+i\,v}\right)\left(\frac{1}{z-i\,v}-\frac{1}{z+i\,v}\right)dv.$$

Nun kann die Integration durch Partialbruchzerlegung leicht durchgeführt werden und es wird

$$\frac{\partial \Omega}{\partial z} = -\,4\,G\,M\,\frac{a\,x}{\pi}\left\{\frac{1}{z-a}\left[\log\frac{a+i\,v}{a-i\,v}-\log\frac{z+i\,v}{z-i\,v}\right]-\right.$$

$$-\frac{1}{z+a}\left[\log\frac{a+iv}{a-iv}+\log\frac{z+iv}{z-iv}\right]\Big\}$$

und dies zwischen den Grenzen 0 und ∞ genommen, ergibt wegen

$$\lim_{v\to\infty}\log\frac{a+iv}{a-iv}=\lim_{v\to\infty}\log\frac{z+iv}{z-iv}=\log(-1)=i\pi,$$

$$\frac{\partial\Omega}{\partial z}=4GM\frac{ax}{\pi}\frac{2\pi i}{z+a}=4GM\frac{2axi}{z+a}.$$

Über dz integriert, erhält man

$$\Omega=\Psi+iF=4GM\,2\,a\,x\,i\log(z+a).$$

Der imaginäre Teil hievon stellt die gesuchte Lösung vor:

$$F=4GM\,2\,a\,x\log\sqrt{(x+a)^2+y^2}=4GM\,2\,a\,x\log r_2 \qquad (\text{VI, 35})$$

und die zu überlagernden Spannungen betragen sonach

$$\left.\begin{array}{l}\bar{\bar{\sigma}}_{xx}=\dfrac{\partial^2 F}{\partial y^2}=4GM\,2\,a\,x\,\dfrac{(x+a)^2-y^2}{r_2^4},\\[4pt]\bar{\bar{\sigma}}_{yy}=\dfrac{\partial^2 F}{\partial x^2}=4GM\,\dfrac{r_2^2(x+2a)+2xy^2}{r_2^4},\\[4pt]\bar{\bar{\sigma}}_{xy}=-\dfrac{\partial^2 F}{\partial x\,\partial y}=-4GM\,2\,a\,y\,\dfrac{a^2-x^2+y^2}{r_2^4}.\end{array}\right\} \qquad (\text{VI, 36})$$

Damit ergeben sich die endgültigen Spannungen

$$\sigma_{xx}=\bar{\sigma}_{xx}+\bar{\bar{\sigma}}_{xx},\qquad \sigma_{yy}=\bar{\sigma}_{yy}+\bar{\bar{\sigma}}_{yy},\qquad \sigma_{xy}=\bar{\sigma}_{xy}+\bar{\bar{\sigma}}_{xy}.$$

Die geforderten Randbedingungen sind nun erfüllt, denn σ_{xx} verschwindet für $x=0$, weil sowohl $\bar{\sigma}_{xx}$ als auch $\bar{\bar{\sigma}}_{xx}$ hier Null wird, und σ_{xy}, weil für $x=0$ $\bar{\sigma}_{xy}=-\bar{\bar{\sigma}}_{xy}$ wird.

6. Wärmespannungen in einer Kreisscheibe bei konstanter Temperatur des Randes $r=b$ und Wärmeverlusten an der Oberfläche. Wir benützen in diesem Falle die Differentialgleichung (V, 20), die in Polarkoordinaten, deren wir uns hier vorteilhaft bedienen werden, die Form

$$\frac{\partial^2\mathfrak{T}}{\partial r^2}+\frac{1}{r}\frac{\partial\mathfrak{T}}{\partial r}+\frac{1}{r^2}\frac{\partial^2\mathfrak{T}}{\partial\varphi^2}-m^2\mathfrak{T}=0$$

annimmt. Bei radialer Symmetrie ist $\mathfrak{T}$ von φ unabhängig und an Stelle der partiellen Differentialgleichung tritt die gewöhnliche

$$\frac{d^2\mathfrak{T}}{dr^2}+\frac{1}{r}\frac{d\mathfrak{T}}{dr}-m^2\mathfrak{T}=0. \qquad (\text{VI, 37})$$

Die Lösungen dieser Differentialgleichung sind wohlbekannt; es sind dies die Zylinderfunktionen der Ordnung Null mit imaginärem Argument. Wir bezeichnen sie mit $I_0(mr)$ und $K_0(mr)$[1].

---

[1] Mit den in den bekannten Tafeln von JAHNKE und EMDE tabulierten Funktionen $J_0(ix)$ und $iH_0^1(ix)$, $-iJ_1(ix)$ und $-H_1^1(ix)$ stehen I und K in folgender Beziehung:

$$I_0(x)=J_0(ix),\qquad\qquad K_0(x)=i\frac{\pi}{2}H_0^1(ix),$$

$$I_1(x)=-iJ_1(ix),\qquad\qquad K_1(x)=-\frac{\pi}{2}H_1^1(ix).$$

Ferner benötigen wir die Ableitungen

$$\frac{dI_0(m\,r)}{dr} = m\,I_1(m\,r), \qquad \frac{dK_0(m\,r)}{dr} = -m\,K_1(m\,r),$$
$$\frac{d^2 I_0(m\,r)}{dr^2} = m^2\left[I_0(m\,r) - \frac{I_1(m\,r)}{m\,r}\right],$$
$$\frac{d^2 K_0(m\,r)}{dr^2} = m^2\left[K_0(m\,r) + \frac{K_1(m\,r)}{m\,r}\right].$$

(VI, 38)

Für $r \to 0$ nehmen I und K folgende Werte an:

$I_0(m\,r) = 1, \qquad K_0(m\,r) = -\log r,$
$I_1(m\,r) = 0, \qquad K_1(m\,r) = 1/m\,r,$

und für $r \to \infty$

$I_0(m\,r) = \infty, \qquad K_0(m\,r) = 0,$
$I_1(m\,r) = \infty, \qquad K_1(m\,r) = 0.$

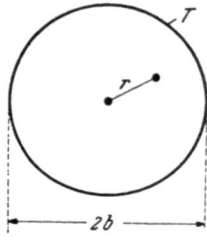

Abb. 12.

Die Temperatur $\mathfrak{T}$ muß innerhalb der Scheibe $0 \leq r \leq b$ endlich bleiben; es scheiden daher die Lösungen mit $K_0(m\,r)$ aus und wir erhalten unter Berücksichtigung der Randbedingung $\mathfrak{T} = T$ für $r = b$ (Abb. 12)

$$\mathfrak{T} = T\,\frac{I_0(m\,r)}{I_0(m\,b)}. \qquad (VI,\,39)$$

Damit ergeben sich für die Spannungen folgende Werte:

$$\bar{\sigma}_{rr} = -2\,G\,(1+\mu)\,\frac{\alpha}{m^2}\,\frac{1}{r}\,\frac{d\mathfrak{T}}{dr} = -\frac{E\,\alpha\,T}{I_0(m\,b)}\cdot\frac{I_1(m\,r)}{m\,r},$$
$$\bar{\sigma}_{\varphi\varphi} = -2\,G\,(1+\mu)\,\frac{\alpha}{m^2}\,\frac{d^2\mathfrak{T}}{dr^2} = -\frac{E\,\alpha\,T}{I_0(m\,b)}\cdot\left[I_0(m\,r)-\frac{I_1(m\,r)}{m\,r}\right].$$

(VI, 40)

Der Rand $r = b$ ist aber noch nicht spannungsfrei; um ihn frei von Normalspannungen zu erhalten, muß noch ein allseitiger Spannungszustand

$$\bar{\bar{\sigma}}_{rr} = \bar{\bar{\sigma}}_{\varphi\varphi} = \frac{E\,\alpha\,T}{I_0(m\,b)}\,\frac{I_1(m\,b)}{m\,b}$$

überlagert werden. So ergeben sich die endgültigen Spannungen

$$\sigma_{rr} = \bar{\sigma}_{rr} + \bar{\bar{\sigma}}_{rr} = \frac{E\,\alpha\,T}{I_0(m\,b)}\left[\frac{I_1(m\,b)}{m\,b} - \frac{I_1(m\,r)}{m\,r}\right],$$
$$\sigma_{\varphi\varphi} = \bar{\sigma}_{\varphi\varphi} + \bar{\bar{\sigma}}_{\varphi\varphi} = \frac{E\,\alpha\,T}{I_0(m\,b)}\left[\frac{I_1(m\,b)}{m\,b} - I_0(m\,r) + \frac{I_1(m\,r)}{m\,r}\right].$$

(VI, 41)

Man kann sich leicht überzeugen, daß die Verschiebungen eindeutig sind. Denn da das thermisch-elastische Verschiebungspotential Ψ proportional $\mathfrak{T}$ ist, sind die Verschiebungen u und v proportional $\frac{\partial \mathfrak{T}}{\partial r}$ und $\frac{\partial \mathfrak{T}}{\partial \varphi}$ und diese beiden Ausdrücke sind eindeutig. Ebenso ist auch der zu dem allseitigen Spannungszustand gehörende Verschiebungszustand eindeutig.

Die Wärmemenge, die längs des Scheibenrandes $r = b$ gleichmäßig verteilt zugeführt werden muß, damit am Rande die Temperatur T auftritt, beträgt mit $r = b$ nach Gl. (I, 4)

$$W = 2\,r\,\lambda\,\pi\,\delta\,\frac{d\mathfrak{T}}{dr} = 2\,\lambda\,\pi\,\delta\,b\,\frac{T}{I_0(m\,b)} \cdot m\,I_1(m\,b). \qquad \text{(VI, 42)}$$

Wir können nun leicht die Aufgabe dahin abändern, daß anstatt der Temperatur T am Rande die längs des Randes zugeführte Wärmemenge gegeben ist. Aus der Gl. (VI, 42) ergibt sich

$$T = W\,\frac{I_0(m\,b)}{2\,\lambda\,\pi\,\delta\,m\,b\,I_1(m\,b)}, \qquad \text{(VI, 43)}$$

und dieser Wert in die Ausdrücke für die Spannungen eingesetzt, führt zu den Gleichungen

$$\left.\begin{aligned}\sigma_{rr} &= \frac{E\,\alpha\,W}{2\,\lambda\,\pi\,\delta\,m\,b\,I_1(m\,b)}\left[\frac{I_1(m\,b)}{m\,b} - \frac{I_1(m\,r)}{m\,r}\right],\\ \sigma_{\varphi\varphi} &= \frac{E\,\alpha\,W}{2\,\lambda\,\pi\,\delta\,m\,b\,I_1(m\,b)}\left[\frac{I_1(m\,b)}{m\,b} - I_0(m\,r) + \frac{I_1(m\,r)}{m\,r}\right].\end{aligned}\right\} \text{(VI, 44)}$$

7. Der geschlossene Kreisring mit Wärmezufuhr am inneren Rand bei Wärmeverlust an den Oberflächen. Unsere Kreisscheibe sei durch zwei konzentrische Kreise mit den Radien $r = a$ und $r = b$ begrenzt (Abb. 13).

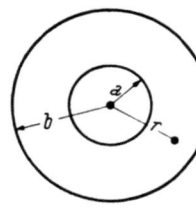

Abb. 13.

Längs des inneren Randes $r = a$ werde die Wärmemenge W gleichmäßig verteilt zugeführt. Der Wärmeaustritt längs des äußeren Randes $r = b$ werde gegenüber jenem an den beiden Oberflächen vernachlässigt, denn die Zylinderfläche $2\,b\,\delta\,\pi$ ist gegenüber den Oberflächen $2\,(b^2 - a^2)\,\pi$ voraussetzungsgemäß wegen der geringen Scheibendicke δ sehr klein. Die Randbedingungen der Differentialgleichung (VI, 37)

$$\frac{d^2\mathfrak{T}}{dr^2} + \frac{1}{r}\,\frac{d\mathfrak{T}}{dr} - m^2\,\mathfrak{T} = 0$$

lauten für $r = a$

$$W = -\,2\,\lambda\,a\,\delta\,\pi\,\frac{d\mathfrak{T}}{dr}$$

und für $r = b$, weil hier kein Wärmeaustritt erfolgt,

$$\frac{d\mathfrak{T}}{dr} = 0.$$

Wir müssen hier von der allgemeinen Lösung

$$\mathfrak{T} = A\,I_0(m\,r) + B\,K_0(m\,r) \qquad \text{(VI, 45)}$$

ausgehen, wobei A und B die Integrationskonstanten sind. Bezüglich der Funktionen I_0 und K_0 und deren Ableitungen sei auf Abschn. VI, 6, Gl. (VI, 38) verwiesen.

Die Randbedingung

$$\frac{d\mathfrak{T}}{dr} = 0 \quad \text{für} \quad r = b$$

Der geschlossene Kreisring mit Wärmezufuhr.

liefert für die Integrationskonstanten A und B die Gleichung
$$A\,m\,I_1(m\,b) - B\,m\,K_1(m\,b) = 0,$$
also
$$A = C\,K_1(m\,b), \qquad B = C\,I_1(m\,b),$$
und dies ergibt für $\mathfrak{T}$ den Ausdruck
$$\mathfrak{T} = C\,[K_1(m\,b)\,I_0(m\,r) + I_1(m\,b)\,K_0(m\,r)] = C\,\chi(r). \qquad \text{(VI, 46)}$$
Hierin wurde
$$\chi(r) = K_1(m\,b)\,I_0(m\,r) + I_1(m\,b)\,K_0(m\,r) \qquad \text{(VI, 47)}$$
gesetzt. Die Ableitung von $\chi(r)$ ergibt
$$\frac{d\chi}{dr} = [K_1(m\,b)\,I_1(m\,r) - I_1(m\,b)\,K_1(m\,r)]\,m = m^2\,r\,\psi(r) \qquad \text{(VI, 48)}$$
mit der Abkürzung
$$\psi(r) = \frac{1}{m\,r}[K_1(m\,b)\,I_1(m\,r) - I_1(m\,b)\,K_1(m\,r)]. \qquad \text{(VI, 49)}$$
Da $\chi(r)$ der Differentialgleichung (VI, 37)
$$\frac{d^2\chi}{dr^2} + \frac{1}{r}\frac{d\chi}{dr} - m^2\,\chi = 0$$
genügt, ergibt sich für die zweite Ableitung von $\chi(r)$ mit $\frac{1}{r}\frac{d\chi}{dr} = m^2\,\psi(r)$
$$\frac{1}{m^2}\frac{d^2\chi}{dr^2} = \chi(r) - \psi(r).$$
Längs des Randes $r = a$ tritt die Wärmemenge W
$$W = -2\,a\,\lambda\,\pi\,\delta\,\frac{d\mathfrak{T}}{dr} = -2\,\lambda\,\pi\,\delta\,a\,C\,\frac{d\chi}{dr} = -2\,\lambda\,\pi\,\delta\,m^2\,a^2\,C\,\psi(a)$$
in das Innere der Kreisringscheibe. Dies ergibt
$$C = -\frac{W}{2\,\lambda\,\pi\,\delta\,m^2\,a^2\,\psi(a)}. \qquad \text{(VI, 50)}$$
Das Temperaturfeld ist mithin durch
$$\mathfrak{T} = -\frac{W}{2\,\lambda\,\pi\,\delta\,m^2\,a^2\,\psi(a)}\,\chi(r) \qquad \text{(VI, 51)}$$
gegeben. Jetzt können die Spannungen nach den Gl. (V, 23) angeschrieben werden. Es wird in Zylinderkoordinaten
$$\left.\begin{aligned}\bar{\sigma}_{rr} &= -E\,\alpha\,\frac{1}{m^2}\frac{1}{r}\frac{d\mathfrak{T}}{dr} = \frac{E\,\alpha\,W}{2\,\lambda\,\pi\,\delta\,m^2\,a^2\,\psi(a)}\,\psi(r),\\ \bar{\sigma}_{\varphi\varphi} &= -E\,\alpha\,\frac{1}{m^2}\frac{d^2\mathfrak{T}}{dr^2} = \frac{E\,\alpha\,W}{2\,\lambda\,\pi\,\delta\,m^2\,a^2\,\psi(a)}\,[\chi(r) - \psi(r)].\end{aligned}\right\} \text{(VI, 52)}$$
Das thermisch-elastische Verschiebungspotential lautet
$$\Psi = (1 + \mu)\,\frac{\alpha}{m^2}\,\mathfrak{T}.$$

Beispiele zu Abschnitt V.

Daraus ergibt sich die Tangentialverschiebung mit Null und die Radialverschiebung

$$\bar{u} = \frac{\partial \Psi}{\partial r} = (1 + \mu)\frac{\alpha}{m^2}\frac{d\mathfrak{T}}{dr} = -\frac{(1+\mu)\,\alpha\,W}{2\,\lambda\,\pi\,\delta\,m^2\,a^2\,\psi(a)}\,r\,\psi(r). \quad \text{(VI, 53)}$$

Für den Rand $r = b$ verschwindet die Randspannung; für $r = a$ erhält sie den Wert

$$\bar{\sigma}_{rr} = \frac{E\,\alpha\,W}{2\,\lambda\,\pi\,\delta\,a^2\,m^2}.$$

Um auch diesen Rand spannungsfrei zu machen, ist es notwendig, eine Lösung der AIRYschen Spannungsgleichung

$$\Delta\Delta F = 0$$

zu überlagern, die den Randbedingungen

$$\bar{\bar{\sigma}}_{rr} = 0 \quad \text{für} \quad r = b \quad \text{und} \quad \bar{\bar{\sigma}}_{rr} = -\bar{\sigma}_{rr} \quad \text{für} \quad r = a$$

genügt. Wir haben diese Lösung bereits in Abschn. VI, 1 benützt. Wegen $\bar{\bar{\sigma}}_{rr} = 0$ für $r = b$ ergibt sich in diesem Falle die Spannung

$$\left.\begin{array}{l}\sigma_{rr} = \dfrac{E\,\alpha\,W}{2\,\lambda\,\delta}\,\dfrac{1}{\pi\,m^2}\,\dfrac{1}{b^2 - a^2}\left(1 - \dfrac{b^2}{r^2}\right),\\[6pt]\sigma_{\varphi\varphi} = \dfrac{E\,\alpha\,W}{2\,\lambda\,\delta}\cdot\dfrac{1}{\pi\,m^2}\,\dfrac{1}{b^2 - a^2}\left(1 + \dfrac{b^2}{r^2}\right).\end{array}\right\} \quad \text{(VI, 54)}$$

Für $r = a$ wird

$$\bar{\bar{\sigma}}_{rr} = -\frac{E\,\alpha\,W}{2\,\lambda\,\delta}\cdot\frac{1}{\pi\,m^2\,a^2}.$$

Die radiale Verschiebung wird am einfachsten aus der Bedingung erhalten, daß bei einem axialsymmetrischen Spannungszustand

$$\varepsilon_{\varphi\varphi} = \frac{u}{r}$$

beträgt. Denn ein Längenelement von der Länge $r\,d\varphi$ erhält bei einer radialen Verschiebung nach außen um den Betrag u die neue Länge $(r + u)\,d\varphi$ und die Dehnung $\varepsilon_{\varphi\varphi}$ wird sonach

$$\varepsilon_{\varphi\varphi} = \frac{(r + u)\,d\varphi - r\,d\varphi}{r\,d\varphi} = \frac{u}{r}. \quad \text{(VI, 55)}$$

Nach den Gl. (II, 5) wird mit den Werten der Spannungen nach Gl. (VI, 54)

$$\bar{\bar{\varepsilon}}_{\varphi\varphi} = \frac{1}{E}\left(\bar{\bar{\sigma}}_{\varphi\varphi} - \mu\,\bar{\bar{\sigma}}_{rr}\right) = \frac{\alpha\,W}{2\,\lambda\,\delta}\,\frac{1}{\pi\,m^2}\left[(1-\mu) + (1+\mu)\,\frac{b^2}{r^2}\right]$$

und demnach

$$u = r\,\bar{\bar{\varepsilon}}_{\varphi\varphi} = \frac{\alpha\,W\,b}{2\,\lambda\,\delta}\,\frac{1}{\pi\,m^2}\left[(1-\mu)\,\frac{r}{b} + (1+\mu)\,\frac{b}{r}\right]. \quad \text{(VI, 56)}$$

Die Summe der Spannungen nach Gl. (VI, 52) und (VI, 54) sowie der Verschiebungen nach Gl. (VI, 53) und (VI, 56)

$$\sigma = \bar{\sigma} + \bar{\bar{\sigma}} \qquad u = \bar{u} + \bar{\bar{u}}$$

stellt die endgültige Lösung vor, bei welcher beide Ränder der Kreisscheibe frei von Normalspannungen σ_{rr} sind.

Es wird also

$$\sigma_{rr} = \frac{E \alpha W}{2 \lambda \delta \pi a^2 m^2} \left[\frac{\psi(r)}{\psi(a)} + \frac{a^2}{b^2 - a^2} \left(1 - \frac{b^2}{r^2}\right) \right],$$

$$\sigma_{\varphi\varphi} = \frac{E \alpha W}{2 \lambda \delta \pi a^2 m^2} \left[\frac{\chi(r) - \psi(r)}{\psi(a)} + \frac{a^2}{b^2 - a^2} \left(1 + \frac{b^2}{r^2}\right) \right],$$

$$u = \frac{\alpha W}{2 \lambda \delta \pi a^2 m^2} \left[-(1+\mu) \frac{r \psi(r)}{\psi(a)} + \right.$$
$$\left. + \frac{a^2 b}{b^2 - a^2} \left\{ (1-\mu) \frac{r}{b} + (1+\mu) \frac{b}{r} \right\} \right].$$

(VI, 57)

8. Wärmespannungen in einer unendlichen Scheibe mit einem kreisförmigen Loch bei Wärmezufuhr längs des Lochrandes und bei Wärmeverlust an den Oberflächen. Der Radius des Loches, an dessen Rand gleichmäßig verteilt die Wärmemenge W eintritt, sei a. Wir brauchen in den Gl. (VI, 57) nur b über alle Grenzen wachsen zu lassen, um das Ergebnis sofort anschreiben zu können. Es wird wegen

$$\lim_{b \to \infty} K_1(m b) = 0 \qquad \lim_{b \to \infty} I_1(m b) \to \infty$$

nach Gl. (VI, 47) und (VI, 49)

$$\frac{\chi(r)}{\psi(a)} = -m a \frac{K_0(m r)}{K_1(m a)}, \qquad \frac{\psi(r)}{\psi(a)} = \frac{K_1(m r)}{K_1(m a)} \cdot \frac{a}{r}.$$

Mit diesen Werten wird Gl. (VI, 51)

$$\mathfrak{T} = \frac{W}{2 \lambda \pi \delta m a} \frac{K_0(m r)}{K_1(m a)}$$

und die Gl. (VI, 57) erhalten die Form

$$\sigma_{rr} = -\frac{E \alpha W}{2 \lambda \delta \pi a r m^2} \left[-\frac{K_1(m r)}{K_1(m a)} + \frac{a}{r} \right],$$

$$\sigma_{\varphi\varphi} = -\frac{E \alpha W}{2 \lambda \delta \pi a r m^2} \left[\frac{m \cdot r \cdot K_0(m r) + K_1(m r)}{K_1(m a)} - \frac{a}{r} \right],$$

$$u = -\frac{(1+\mu) \alpha W}{2 \lambda \delta \pi a m^2} \left[\frac{K_1(m r)}{K_1(m a)} - \frac{a}{r} \right].$$

(VI, 58)

9. Wärmespannungen in einer vollen Kreisscheibe, deren mittlerer Teil auf der Temperatur T gehalten wird. Wir betrachten eine Kreisscheibe mit dem Radius b (Abb. 14), bei welcher durch entsprechend verteilte Wärmequellen mit der Gesamtintensität W innerhalb eines konzentrischen Kreises $r = a$ die Temperatur innerhalb dieses Kreises konstant gehalten wird. In dem Kreisring $a \leq r \leq b$ sollen Wärmeverluste infolge des Wärmeaustrittes an den Oberflächen stattfinden. Der Wärmeverlust an der Zylinderfläche $r = b$ soll wie bisher stets vernachlässigt werden.

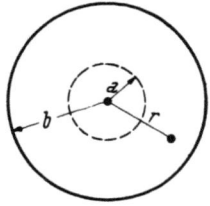

Abb. 14.

Wir bestimmen zunächst das Temperaturfeld. Für $0 \leq r \leq a$ ist

$$\mathfrak{T} = T = \text{konstant}.$$

48 Beispiele zu Abschnitt V.

Die Größe von T hängt von der Wärmemenge W ab, die innerhalb $0 \leq r \leq a$ zugeführt wird und die durch die Oberflächen der Kreisringscheibe entweicht. In den Kreisring tritt diese Wärmemenge W längs des Kreises $r = a$ ein. Das hierdurch in dem Kreisring $a \leq r \leq b$ entstehende Temperaturfeld kann ohneweiters nach Gl. (VI, 51) angenommen werden, nämlich

$$\mathfrak{T} = -\frac{W}{2\lambda\pi\delta m^2 a^2 \psi(a)} \chi(r).$$

Daraus folgt die Temperatur innerhalb des Kreises $r = a$ mit

$$T = \mathfrak{T} = -\frac{W}{2\lambda\pi\delta m^2 a^2 \psi(a)} \chi(a). \qquad \text{(VI, 59)}$$

Ebenso wie für die Temperaturverteilung werden sich auch für die Spannungen und Verschiebungen der Kreisscheibe $0 \leq r \leq a$ und im Kreisring $a \leq r \leq b$ verschiedene Ausdrücke ergeben.

Wir wenden uns zunächst den Bedingungen zu, denen die Spannungen und Verschiebungen zu genügen haben. Für den Kreisring muß für den äußeren Rand $r = b$

$$\sigma_{rr,a} = 0 \qquad \text{(VI, 60)}$$

sein, weil der Außenrand von Normalspannungen frei sein soll. Dann müssen sich an der Stelle $r = a$ sowohl für σ_{rr} als auch für die Radialverschiebung u derselbe Wert ergeben, unabhängig davon, ob man sich von innen oder außen dieser Stelle nähert; es muß also hier

$$\sigma_{rri} = \sigma_{rra} \quad \text{und} \quad u_i = u_a \qquad \text{(VI, 61)}$$

sein. Der Index i bezieht sich dabei auf das innere kreisförmige, der Index a auf das äußere kreisringförmige Gebiet. Nach den Gl. (VI, 52) und (VI, 53) erhält man Spannungen und Verschiebungen im Kreisring

$$\bar{\sigma}_{rra} = \frac{E\alpha W}{2\lambda\delta\pi m^2 a^2 \psi(a)} \psi(r),$$

$$\bar{\sigma}_{\varphi\varphi a} = \frac{E\alpha W}{2\lambda\delta\pi m^2 a^2 \psi(a)} [\chi(r) - \psi(r)],$$

$$\bar{u}_a = -\frac{(1+\mu)\alpha W}{2\lambda\delta\pi m^2 a^2 \psi(a)} r\,\psi(r).$$

Die Bedingung $\sigma_{rra} = 0$ für $r = b$ ist bereits erfüllt, denn es ist $\psi(b) = 0$. Für $r = a$ ergibt Gl. (VI, 52) und (VI, 53)

$$\left.\begin{array}{l}\bar{\sigma}_{rra} = \dfrac{E\alpha W}{2\lambda\delta\pi m^2 a^2}, \\[1em] \bar{u}_a = -\dfrac{(1+\mu)\alpha W}{2\lambda\delta\pi m^2 a}.\end{array}\right\} \qquad \text{(VI, 62)}$$

Auf das innere Gebiet wirkt demnach längs des Kreises $r = a$ eine Normalspannung

$$\bar{\sigma}_{rri} = \bar{\sigma}_{rra} = \frac{E\alpha W}{2\lambda\delta\pi m^2 a^2}, \qquad \text{(VI, 63)}$$

Wärmespannungen in einer vollen Kreisscheibe.

durch die innerhalb des Kreises $r = a$ ein gleichmäßiger Spannungszustand

$$\bar{\sigma}_{rri} = \bar{\sigma}_{\varphi\varphi i} = \frac{E \alpha W}{2 \lambda \delta \pi m^2 a^2} \qquad (VI, 64)$$

und die Verschiebungen

$$\bar{u}_i = r \bar{\varepsilon}_{\varphi\varphi i} = r \left[\frac{1-\mu}{E} \bar{\sigma}_{\varphi\varphi i} + \alpha T \right] = r \left[\frac{(1-\mu) \alpha W}{2 \lambda \delta \pi m^2 a^2} + \alpha T \right],$$

also mit dem angegebenen Wert für T innerhalb $r = a$ nach Gl. (VI, 59)

$$\bar{u}_i = \frac{\alpha W r}{2 \lambda \pi \delta m^2 a^2 \psi(a)} [(1-\mu) \psi(a) - \chi(a)], \qquad (VI, 65)$$

erzeugt werden.

Die zweite Bedingung (VI, 61) für $r = a$

$$u_a = u_i$$

ist demnach, wie die Gl. (VI, 62) und (VI, 65) zeigen, nicht erfüllt; denkt man sich die Kreisscheibe längs des Kreises $r = a$ zerschnitten, so wird ein Klaffen der beiden Schnittufer um den Betrag

$$\delta \bar{u} = \bar{u}_a - \bar{u}_i = - \frac{\alpha W}{2 \lambda \delta \pi m^2 a \psi(a)} [2 \psi(a) - \chi(a)] \qquad (VI, 66)$$

eintreten. Um dieses Klaffen zum Verschwinden zu bringen, überlagern wir eine Lösung, welche die Schnittufer in $r = a$ um den Betrag

$$\delta \bar{\bar{u}} = - \delta \bar{u} \qquad (VI, 67)$$

gegeneinander verschiebt. Eine solche Lösung lautet für $a \leq r \leq b$

$$\left. \begin{array}{l} \bar{\bar{\sigma}}_{rra} = K \left(\frac{b^2}{r^2} - 1 \right), \bar{\bar{\sigma}}_{\varphi\varphi a} = - K \left(\frac{b^2}{r^2} + 1 \right), \\ \bar{\bar{u}}_a = - \frac{K}{E} r \left[\frac{b^2}{r^2} (1+\mu) + (1-\mu) \right]. \end{array} \right\} \qquad (VI, 68)$$

Diese Gleichungen ergeben sich aus der bereits verwendeten Lösung (VI, 10), wenn dort $p_b = 0$ und $\frac{a^2 p_a}{b^2 - a^2} = - K$ gesetzt wird. Die Bedingung, daß $\sigma_{rra} = 0$ für $r = b$, ist bereits erfüllt.

Für $r = a$ ergibt die Gl. (VI, 68)

$$\bar{\bar{u}}_a = - \frac{K}{E} a \left[\frac{b^2}{a^2}(1+\mu) + (1-\mu) \right]. \qquad (VI, 69)$$

Für das Innere des Kreises $r = a$ ergibt sich wegen

$$\bar{\bar{\sigma}}_{rra} = \bar{\bar{\sigma}}_{rri}$$

nach Gl. (VI, 68)

$$\bar{\bar{\sigma}}_{rri} = \bar{\bar{\sigma}}_{\varphi\varphi i} = K \left(\frac{b^2}{a^2} - 1 \right) \qquad (VI, 70)$$

und wegen

$$u_i = \varepsilon_{\varphi\varphi i} \cdot r = \frac{1}{E} (\bar{\sigma}_{rri} - \mu \sigma_{\varphi\varphi i}) r,$$

$$\bar{\bar{u}}_i = \frac{K}{E} \left(\frac{b^2}{a^2} - 1 \right) (1-\mu) \cdot r, \qquad (VI, 71)$$

Beispiele zu Abschnitt V.

also für $r = a$
$$\bar{\bar{u}}_i = \frac{K a}{E}\left(\frac{b^2}{a^2} - 1\right)(1 - \mu) \qquad (VI, 72)$$

und mit den Werten für $\bar{\bar{u}}_a$ und $\bar{\bar{u}}_i$ nach den Gl. (VI, 69) und (VI, 72)
$$\delta\bar{\bar{u}} = \bar{\bar{u}}_a - \bar{\bar{u}}_i = -\frac{K a}{E}\left[\frac{b^2}{a^2}(1+\mu) + (1-\mu) + \left(\frac{b^2}{a^2} - 1\right)(1-\mu)\right] =$$
$$= -\frac{K}{E}\frac{2 b^2}{a}. \qquad (VI, 73)$$

Soll kein Klaffen der Schnittufer eintreten, so muß
$$\delta\bar{u} + \delta\bar{\bar{u}} = 0$$

sein, also für $\delta\bar{u}$ und $\delta\bar{\bar{u}}$ die Ausdrücke nach Gl. (VI, 66) und (VI, 73) eingesetzt,
$$\frac{W \alpha}{2 \lambda \delta \pi m^2 a \psi(a)}[2\psi(a) - \chi(a)] + \frac{K}{E}\frac{2 b^2}{a} = 0,$$
demnach
$$K = -\frac{E \alpha W}{4 \lambda \delta \pi m^2 b^2 \psi(a)}[2\psi(a) - \chi(a)]. \qquad (VI, 74)$$

Damit ergeben sich durch Überlagerung die endgültigen Spannungen $\sigma = \bar{\sigma} + \bar{\bar{\sigma}}$ und die Verschiebungen $u = \bar{u} + \bar{\bar{u}}$. Hierbei sind für

$a \leq r \leq b$ die Werte $\quad \bar{\sigma}_{rra}, \bar{\sigma}_{\varphi\varphi a}$ und $\bar{u}_a$ den Gl. (VI, 52) und (VI, 53)
$\bar{\bar{\sigma}}_{rra}, \bar{\bar{\sigma}}_{\varphi\varphi a}$ und $\bar{\bar{u}}_a$ den Gl. (VI, 68)

und für

$0 \leq r \leq a \qquad \bar{\sigma}_{rri}, \bar{\sigma}_{\varphi\varphi i}$ und $\bar{u}_i$ den Gl. (VI, 64) und (VI, 65)
$\bar{\bar{\sigma}}_{rri}, \bar{\bar{\sigma}}_{\varphi\varphi i}$ und $\bar{\bar{u}}_i$ den Gl. (VI, 70) und (VI, 71)

sowie die in den Ausdrücken für $\bar{\bar{\sigma}}$ und $\bar{\bar{u}}$ vorkommende Größe K der Gl. (VI, 74) zu entnehmen. Damit erhält man die endgültigen Werte für $a \leq r \leq b$

$$\left.\begin{aligned}
\sigma_{rra} &= \frac{E \alpha W}{2 \lambda \delta \pi m^2 a^2 \psi(a)} \cdot \\
&\quad \cdot \left\{\psi(r) - \frac{a^2}{2 b^2}[2\psi(a) - \chi(a)]\left[\frac{b^2}{r^2} - 1\right]\right\}, \\
\sigma_{\varphi\varphi a} &= \frac{E \alpha W}{2 \lambda \delta \pi m^2 a^2 \psi(a)} \cdot \\
&\quad \cdot \left\{\chi(r) - \psi(r) + \frac{a^2}{2 b^2}[2\psi(a) - \chi(a)]\left[\frac{b^2}{r^2} + 1\right]\right\}, \\
u_a &= -\frac{\alpha W r}{2 \lambda \delta \pi m^2 a^2 \psi(a)} \cdot \\
&\quad \cdot \left\{(1+\mu)\psi(r) - \frac{a^2}{2 b^2}[2\psi(a) - \chi(a)]\left[\frac{b^2}{r^2}(1+\mu) + (1-\mu)\right]\right\}
\end{aligned}\right\} \quad (VI, 75)$$

und für $0 \leq r \leq a$

$$\sigma_{rri} = \sigma_{\varphi\varphi i} = \frac{E \alpha W}{2 \lambda \delta \pi m^2 a^2 \psi(a)} \cdot$$
$$\cdot \left\{ \psi(a) - \frac{a^2}{2 b^2} [2 \psi(a) - \chi(a)] \left[\frac{b^2}{a^2} - 1\right] \right\} =$$
$$= \frac{E \alpha W}{4 \lambda \delta \pi m^2 a^2 \psi(a)} \left\{ \frac{a^2}{b^2} [2 \psi(a) - \chi(a)] + \chi(a) \right\},$$
$$u_i = \frac{\alpha W r}{2 \lambda \delta \pi m^2 a^2 \psi(a)} \cdot$$
$$\cdot \left\{ (1-\mu) \psi(a) - \chi(a) - \frac{a^2}{2 b^2} [2 \psi(a) - \chi(a)] [1-\mu] \left[\frac{b^2}{a^2} - 1\right] \right\} =$$
$$= -\frac{\alpha W r}{4 \lambda \delta \pi m^2 a^2 \psi(a)} \cdot$$
$$\cdot \left\{ (1+\mu) \chi(a) - (1-\mu) [2 \psi(a) - \chi(a)] \frac{a^2}{b^2} \right\}.$$

$\quad$(VI, 76)

Man findet leicht bestätigt, daß, wie verlangt, für $r = a$

$$\sigma_{rra} = \sigma_{rri} \quad \text{und} \quad u_a = u_i$$

wird. Überdies ist auch

$$\sigma_{\varphi\varphi a} = \sigma_{\varphi\varphi i}.$$

Läßt man in den Gl. (VI, 75) a gegen Null abnehmen, so erhält man die Spannungen und Verschiebungen in einer Kreisplatte mit dem Halbmesser b infolge einer im Mittelpunkt konzentrierten Wärmequelle mit der Ergiebigkeit W. Wir bilden die Grenzwerte und erinnern an jene von $I(m r)$ und $K(m r)$, welche in Abschn. VI, 6 angegeben sind. Es wird

$$\lim_{a \to 0} \psi(a) = \frac{1}{m a} \{K_1(m b) I_1(m a) - I_1(m b) K_1(m a)\} = -\frac{I_1(m b)}{m^2 a^2}$$

und

$$\lim_{a \to 0} \chi(a) = K_1(m b) I_0(m a) + I_1(m b) K_0(m a) = -I_1(m b) \log a$$

und damit finden wir

$$\sigma_{rr} = \frac{-E \alpha W}{2 \lambda \delta \pi I_1(m b)} \left\{ \psi(r) + \frac{I_1(m b)}{m^2 b^2} \left(\frac{b^2}{r^2} - 1\right) \right\},$$
$$\sigma_{\varphi\varphi} = \frac{-E \alpha W}{2 \lambda \delta \pi I_1(m b)} \left\{ \chi(r) - \psi(r) - \frac{I_1(m b)}{m^2 b^2} \left(\frac{b^2}{r^2} + 1\right) \right\},$$
$$u = \frac{\alpha W r}{2 \lambda \delta \pi I_1(m b)} \cdot$$
$$\cdot \left\{ (1 + \mu) \psi(r) + \frac{I_1(m b)}{m^2 b^2} \left[\frac{b^2}{r^2} (1+\mu) + (1-\mu)\right] \right\}.$$

$\quad$(VI, 77)

10. Wärmespannungen in einer Kühlrippe. An einem Körper mit der Oberflächentemperatur ϑ schließt eine dünne streifenförmige Rippe von der Breite b und der Dicke δ an (Abb. 15). Die Oberflächen der Rippe geben Wärme an die Umgebung mit der Temperatur θ ab; der Wärmeverlust an der zur Y-Achse parallelen Begrenzungsfläche möge vernachlässigt werden, da δ klein gegen b vorausgesetzt wird. In der Y-Richtung möge ein ebener Verzerrungszustand vorliegen, also die Verschiebung v parallel zu dieser Richtung verschwinden. Der Rand der Rippe $x = b$ soll spannungsfrei sein.

Unter diesen Voraussetzungen sind Temperaturverteilung, Spannungen und Verschiebungen nur von x abhängig. Die partielle Differentialgleichung (V, 20) vereinfacht sich zu der gewöhnlichen

$$\frac{d^2\mathfrak{T}}{dx^2} - m^2\, \mathfrak{T} = 0,$$

wobei also für $x = 0$

$$\mathfrak{T} = \vartheta - \theta = T$$

gegeben ist und für $x = b$, weil die Wärmeabgabe dort vernachlässigt wird und diese dem Temperaturgefälle proportional ist

$$\frac{d\mathfrak{T}}{dx} = 0 \text{ für } x = b.$$

Der Ausdruck

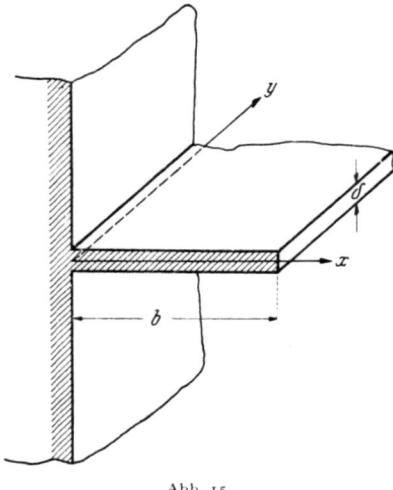

Abb. 15.

$$\mathfrak{T} = T \frac{\mathfrak{Cof}\, m\,(b - x)}{\mathfrak{Cof}\, m\, b} \qquad (\text{VI, 78})$$

erfüllt nicht nur die Differentialgleichung (V, 20), sondern befriedigt auch bereits die Randbedingungen. Nach den Gl. (V, 23) werden die Spannungen

$$\left.\begin{array}{l}\sigma_{xx} = -\dfrac{E\,\alpha}{m^2}\dfrac{\partial^2 \mathfrak{T}}{\partial y^2} = 0, \qquad \sigma_{xy} = -\dfrac{E\,\alpha}{m^2}\dfrac{\partial^2 \mathfrak{T}}{\partial x\, \partial y} = 0, \\[6pt] \sigma_{yy} = -\dfrac{E\,\alpha}{m^2}\dfrac{\partial^2 \mathfrak{T}}{\partial x^2} = -E\,\alpha\, T\dfrac{\mathfrak{Cof}\, m\,(b - x)}{\mathfrak{Cof}\, m\, b},\end{array}\right\} \quad (\text{VI, 79})$$

während sich für die Verschiebung

$$v = \frac{\alpha}{m^2}(1 + \mu)\frac{\partial \mathfrak{T}}{\partial y} = 0 \qquad (\text{VI, 80})$$

ergibt. Man erkennt, daß diese Lösung bereits den dem Spannungs- und Verschiebungszustand vorgeschriebenen Randwerten genügt; denn es verschwinden die Spannungen σ_{xx} und σ_{xy} überhaupt, also auch, wie verlangt, längs des Randes $x = b$ und ebenso sind auch die Verschiebungen v überall Null.

11. Wärmespannungen in einem Streifen von unendlicher Länge, bei welchem ein Querschnitt auf der Temperatur T_0 gehalten wird, mit Wärme-

verlusten an den Oberflächen[1]. Die Breite dieses Streifens sei $2b$, die Y-Achse legen wir in die Längsrichtung, die X-Achse senkrecht hierzu, so daß $x = \pm b$ die Ränder des Streifens sind (Abb. 16). Längs des Querschnittes $y = 0$ werde die Temperatur konstant auf T_0 gehalten, wobei T_0 nicht von x abhängen möge, also über die Streifenbreite unveränderlich ist. Der Wärmeaustritt längs der Ränder soll vernachlässigt werden.

Wir erkennen unschwer, daß für positive y

$$\mathfrak{T} = T_0 e^{-my} \qquad (\text{VI}, 81)$$

eine partikulare Lösung der Differentialgleichung (V, 20)

$$\Delta \mathfrak{T} - m^2 \mathfrak{T} = 0$$

ist, welche die Randbedingungen erfüllt. $\mathfrak{T}$ verschwindet im Unendlichen für positive Werte von y. Ferner verschwindet $\dfrac{\partial \mathfrak{T}}{\partial x}$ längs der Ränder; dies bedeutet nach Gl. (I, 4), daß hier kein Wärmeaustritt erfolgt. Aus Symmetriegründen ist die Temperaturverteilung für negative y die gleiche wie für positive, so daß wir uns auf letztere beschränken können.

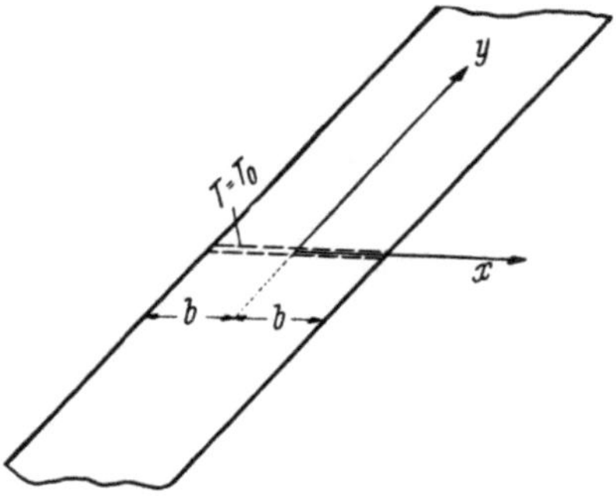

Nach den Gl. (V, 22) verwenden wir als elastisch-thermisches Verschiebungspotential den Ausdruck

$$\Psi = (1 + \mu) \alpha \frac{e^{-my}}{m^2} T_0. \qquad (\text{VI}, 82)$$

Abb. 16.

Damit erhalten wir nach den Gl. (V, 23) die Spannungen

$$\left. \begin{array}{l} \bar{\sigma}_{xx} = -E \dfrac{\alpha}{m^2} \dfrac{\partial^2 \mathfrak{T}}{\partial y^2} = -E \alpha T_0 e^{-my}, \\ \bar{\sigma}_{yy} = \bar{\sigma}_{xy} = 0. \end{array} \right\} \qquad (\text{VI}, 83)$$

Die Verschiebung $\bar{u}$ in der X-Richtung wird durchwegs Null; für die Verschiebung $\bar{v}$ parallel zur Y-Achse ergibt sich

$$\bar{v} = \frac{\partial \Psi}{\partial y} = -(1 + \mu) \frac{\alpha}{m} T_0 e^{-my}. \qquad (\text{VI}, 84)$$

Es erfährt also der Querschnitt $y = 0$ eine Parallelverschiebung in der Richtung der positiven Y-Achse in der Größe von $-(1+\mu) \dfrac{\alpha}{m} T_0$. Man kann diese Verschiebung zum Verschwinden bringen, wenn man die Hälfte des Streifens mit positiven y um den Betrag $(1+\mu) \dfrac{\alpha}{m} T_0$ verschiebt. Um den gleichen Betrag muß man die Streifenhälfte mit negativen y in der Richtung der negativen y verschieben. Dann ist der

---

[1] GOODIER (1).

Zusammenhang der beiden Streifenhälften in $y = 0$ wiederhergestellt. Jedenfalls sind dadurch die Spannungen nicht geändert worden.

Die Ränder $x = \pm b$ sind aber noch nicht spannungsfrei, sondern es treten Normalspannungen

$$\bar{\sigma}_{xx} = -E \alpha T_0 e^{-my}$$

auf. Es ist also notwendig, noch eine Lösung von

$$\Delta\Delta F = 0$$

Gl. (V, 7) zu überlagern, welche die Randspannungen für $x = \pm b$

$$\bar{\bar{\sigma}}_{xx} = E \alpha T_0 e^{-my}, \quad \bar{\bar{\sigma}}_{xy} = 0$$

liefert.

Diese Aufgabe ist aber gelöst. Versucht man für F den Ansatz

$$F = (A \operatorname{\mathfrak{Cof}} \omega\, x + B\, \omega\, x \operatorname{\mathfrak{Sin}} \omega\, x) \cos \omega\, y,$$

so findet man leicht bestätigt, daß dieser Ausdruck bei beliebigen ω der Differentialgleichung (V, 7) für F genügt. Für die Spannungen erhält man aus den Gleichungen (V, 6)

$$\bar{\bar{\sigma}}_{xx} = \frac{\partial^2 F}{\partial y^2} = -[A \operatorname{\mathfrak{Cof}} \omega\, x + B \cdot \omega\, x \operatorname{\mathfrak{Sin}} \omega\, x]\, \omega^2 \cos \omega\, y,$$

$$\bar{\bar{\sigma}}_{yy} = \frac{\partial^2 F}{\partial x^2} = [(A + 2B) \operatorname{\mathfrak{Cof}} \omega\, x + B\, \omega\, x \operatorname{\mathfrak{Sin}} \omega\, x]\, \omega^2 \cos \omega\, y,$$

$$\bar{\bar{\sigma}}_{xy} = -\frac{\partial^2 F}{\partial x\, \partial y} = [(A + B) \operatorname{\mathfrak{Sin}} \omega\, x + B\, \omega\, x \operatorname{\mathfrak{Cof}} \omega\, x]\, \omega^2 \sin \omega\, y.$$

Setzt man weiters

$$A = C\,[\omega\, b + \operatorname{\mathfrak{Tg}} \omega\, b], \quad B = -C \operatorname{\mathfrak{Tg}} \omega\, b,$$

so verschwindet die Schubspannung $\bar{\bar{\sigma}}_{xy}$ längs der Ränder $x = \pm b$, und betrachtet man C als eine vorläufig noch willkürliche Funktion von ω, so kann man sich durch Integration über ω eine allgemeinere Lösung

$$F = \int_0^\infty [(\omega\, b + \operatorname{\mathfrak{Tg}} \omega\, b) \operatorname{\mathfrak{Cof}} \omega\, x - \operatorname{\mathfrak{Tg}} \omega\, b \cdot \omega\, x \operatorname{\mathfrak{Sin}} \omega\, x] \cdot C \cos \omega\, y\, d\omega \quad \text{(VI, 85)}$$

beschaffen, welche die Spannungen

$$\bar{\bar{\sigma}}_{xx} = -\int_0^\infty [(\omega\, b + \operatorname{\mathfrak{Tg}} \omega\, b) \operatorname{\mathfrak{Cof}} \omega\, x - \operatorname{\mathfrak{Tg}} \omega\, b \cdot \omega\, x \operatorname{\mathfrak{Sin}} \omega\, x]\, C \omega^2 \cos \omega\, y\, d\omega,$$

$$\bar{\bar{\sigma}}_{yy} = \int_0^\infty [(\omega\, b - \operatorname{\mathfrak{Tg}} \omega\, b) \operatorname{\mathfrak{Cof}} \omega\, x - \operatorname{\mathfrak{Tg}} \omega\, b \cdot \omega\, x \operatorname{\mathfrak{Sin}} \omega\, x]\, C \omega^2 \cos \omega\, y\, d\omega,$$

$$\bar{\bar{\sigma}}_{xy} = \int_0^\infty [\omega\, b \operatorname{\mathfrak{Sin}} \omega\, x - \operatorname{\mathfrak{Tg}} \omega\, b \cdot \omega\, x \operatorname{\mathfrak{Cof}} \omega\, x]\, C \omega^2 \sin \omega\, y\, d\omega$$

(VI, 86)

ergibt.

Damit $\bar{\sigma}_{xx}$ für $x = \pm b$ die vorgegebenen Werte
$$\bar{\bar{\sigma}}_{xx} = E \alpha T_0 e^{-my} = f(y)$$
annimmt, hat die Gleichung
$$\bar{\sigma}_{xx} = -\int_0^\infty [(\omega b \, \mathfrak{Cof}\, \omega b + \mathfrak{Sin}\, \omega b) - \mathfrak{Tg}\, \omega b \cdot \omega b \, \mathfrak{Sin}\, \omega b]\, C\omega^2 \cos \omega y \, d\omega =$$
$$= f(y) \qquad \text{(VI, 87)}$$
zu bestehen. Nun gilt aber für die Entwicklung einer symmetrischen Funktion $f(y)$ das FOURIERsche Theorem
$$f(y) = \frac{2}{\pi} \int_0^\infty \cos \omega y \, dy \int_0^\infty f(\lambda) \cos \omega \lambda \, d\lambda \qquad \text{(VI, 88)}$$
und der Vergleich dieser beiden Integrale (VI, 87) und (VI, 88) führt zu der Gleichung
$$\frac{2}{\pi} \int_0^\infty f(\lambda) \cos \omega \lambda \, d\lambda = - C\omega^2 [\omega b \, \mathfrak{Cof}\, \omega b + (1 - \omega b \, \mathfrak{Tg}\, \omega b)\, \mathfrak{Sin}\, \omega b],$$
aus welcher
$$C\omega^2 = - \frac{\mathfrak{Cof}\, \omega b}{\mathfrak{Sin}\, \omega b \, \mathfrak{Cof}\, \omega b + \omega b} \cdot \frac{2}{\pi} \int_0^\infty f(\lambda) \cos \omega(\lambda) \, d\lambda$$
und mit $f(\lambda) = E \alpha T_0 e^{-m\lambda}$ endlich wegen
$$\left.\begin{array}{l} \int_0^\infty e^{-m\lambda} \cos \omega \lambda \, d\lambda = \dfrac{m}{m^2 + \omega^2} \\[1em] C\omega^2 = - \dfrac{\mathfrak{Cof}\, \omega b}{\mathfrak{Sin}\, \omega b \, \mathfrak{Cof}\, \omega b + \omega b} \cdot \dfrac{2}{\pi} \dfrac{m}{m^2 + \omega^2} E \alpha T_0 \end{array}\right\} \text{(VI, 89)}$$

folgt. Damit erhält man aus Gl. (VI, 86) die folgenden Werte für die Spannungen:

$$\left.\begin{array}{l}\bar{\sigma}_{xx} = E \alpha T_0 \dfrac{2m}{\pi} \int_0^\infty \{[\omega b \, \mathfrak{Cof}\, \omega b + \mathfrak{Sin}\, \omega b]\, \mathfrak{Cof}\, \omega x - \\[0.5em] \quad - \mathfrak{Sin}\, \omega b \cdot \omega x \, \mathfrak{Sin}\, \omega x\} \cdot \dfrac{\cos \omega y \, d\omega}{(m^2 + \omega^2)(\mathfrak{Sin}\, \omega b \, \mathfrak{Cof}\, \omega b + \omega b)}, \\[1em] \bar{\sigma}_{yy} = - E \alpha T_0 \dfrac{2m}{\pi} \int_0^\infty \{[\omega b \, \mathfrak{Cof}\, \omega b - \mathfrak{Sin}\, \omega b]\, \mathfrak{Cof}\, \omega x - \\[0.5em] \quad - \mathfrak{Sin}\, \omega b \cdot \omega x \, \mathfrak{Sin}\, \omega x\} \cdot \dfrac{\cos \omega y \, d\omega}{(m^2 + \omega^2)(\mathfrak{Sin}\, \omega b \, \mathfrak{Cof}\, \omega b + \omega b)}, \\[1em] \bar{\sigma}_{xy} = - E \alpha T_0 \dfrac{2m}{\pi} \int_0^\infty \{\omega b \, \mathfrak{Cof}\, \omega b \, \mathfrak{Sin}\, \omega x - \\[0.5em] \quad - \mathfrak{Sin}\, \omega b \, \omega x \, \mathfrak{Cof}\, \omega x\} \dfrac{\sin \omega y \, d\omega}{(m^2 + \omega^2)(\mathfrak{Sin}\, \omega b \, \mathfrak{Cof}\, \omega b + \omega b)}.\end{array}\right\} \text{(VI, 90)}$$

Die Normalspannungen in der X-Richtung erhalten demnach den Wert

$$\sigma_{xx} = \bar{\sigma}_{xx} + \bar{\bar{\sigma}}_{xx},$$

während die Spannungen σ_{yy} und σ_{xy} wegen $\bar{\sigma}_{yy} = \bar{\sigma}_{xy} = 0$ die Werte

$$\sigma_{yy} = \bar{\bar{\sigma}}_{yy} \quad \text{und} \quad \sigma_{xy} = \bar{\bar{\sigma}}_{xy}$$

annehmen.

VII. Wärmespannungen in Platten[1].

1. Allgemeine Theorie. Bei den in Absch. V behandelten Scheiben haben wir vorausgesetzt, daß die Temperaturverteilung längs der Dicke δ der Scheibe konstant ist und daher die Mittelebene der Scheibe eben bleibt. Jetzt wollen wir die Wärmespannungen für den Fall untersuchen, daß sich die Temperatur längs der Dicke linear ändert, daß also in dem Abstand z von der Mittelebene die Temperatur

$$T = z \cdot \tau(x, y) + T_0(x, y) \qquad \text{(VII, 1)}$$

herrscht. Wir haben hierbei, wie schon bei den Scheiben, die Z-Achse in die Richtung der Dicke und die X- und Y-Achse senkrecht hierzu in die Richtung der Hauptabmessungen des Körpers gelegt. Diese sollen wie bisher im Vergleich zur Dicke groß sein. z rechnen wir von der Mittelfläche aus, die demnach durch $z = 0$ gegeben ist. An der Oberfläche $z = +\delta/2$ möge die Temperatur $T'(x, y)$, an jener mit $z = -\delta/2$ die Temperatur $T''(x, y)$ herrschen.

Es ist klar, daß in diesem Falle im allgemeinen die Mittelebene nicht mehr eben bleibt, sondern zu einer gekrümmten Fläche verbogen wird; es können demnach Biegespannungen auftreten. In der Elastizitätstheorie ist es üblich, einen solchen Körper — der geometrisch dieselbe Gestalt wie die früher untersuchten Scheiben besitzt — als *Platte* zu bezeichnen, wenn seine Mittelebene bei der Verformung verbogen wird.

Wir wollen uns in Gl. (VII, 1) auf das erste Glied beschränken, denn durch $T_0(x, y)$ werden offenbar Spannungen hervorgerufen, wie wir sie in Abschn. V bereits untersucht haben[2]. Wir betrachten demnach Temperaturfelder, welche durch die Gleichung

$$T = z \cdot \tau(x, y) \qquad \text{(VII, 2)}$$

gegeben sind.

Die Annahme einer linearen Temperaturverteilung über die Plattendicke ist im allgemeinen mit der strengen Lösung des räumlichen Temperaturproblems nicht verträglich; sie stellt aber eine um so genauere Näherung vor, je dünner die Platte ist. Um die Differentialgleichung aufzufinden, der $\tau(x, y)$ zu genügen hat, ersetzen wir den Wärmeübergang

---

[1] NADAI, MARGUERRE, MAULBETSCH, TIMOSHENKO.

[2] Wir vernachlässigen also den Einfluß der Scheibenspannungen auf die Biegespannungen in der Platte. Dies ist z. B. nicht mehr zulässig, wenn es sich um ein Beulproblem handelt.

an den beiden Plattenoberflächen durch längs dieser Oberflächen verteilte Wärmequellen von der Ergiebigkeit je Flächeneinheit

$$Q' = k\left(\theta' - T'\right) = k\left(\theta' - T_0 - \frac{\delta}{2}\tau\right) \text{ an der Unterseite } z = +\frac{\delta}{2},$$

$$Q'' = k\left(\theta'' - T''\right) = k\left(\theta'' - T_0 + \frac{\delta}{2}\tau\right) \text{ an der Oberseite } z = -\frac{\delta}{2}.$$

k ist die Wärmeübergangszahl, θ' die Umgebungstemperatur an der Plattenunterseite und θ'' die Umgebungstemperatur an der Plattenoberseite.

Führen wir nun den Ansatz (VII, 1) in die stationäre Wärmeleitungsgleichung (I, 5) ein, so erhalten wir

$$\frac{\partial^2 T}{\partial x^2} + \frac{\partial^2 T}{\partial y^2} + \frac{\partial^2 T}{\partial z^2} = \Delta T_0 + z\,\Delta\tau = -\frac{W}{\lambda}$$

mit

$$\Delta = \frac{\partial^2}{\partial x^2} + \frac{\partial^2}{\partial y^2}.$$

Integrieren wir diese Gleichung über z zwischen den Grenzen $-\frac{\delta}{2}$ und $+\frac{\delta}{2}$, so erhalten wir Gl. (V, 19) mit $\theta = \frac{1}{2}(\theta' + \theta'')$ und $T = T_0$ wegen $\int_{-\frac{\delta}{2}}^{+\frac{\delta}{2}} W\,dz = Q' + Q''$.

Multiplizieren wir die Gleichung aber mit z,

$$z\,\Delta T_0 + z^2\,\Delta\tau = -\frac{W z}{\lambda}$$

und integrieren wir wieder über z, so erhalten wir, da auf der rechten Seite jetzt das Moment der Wärmequellen in bezug auf die Mittelebene der Platte steht und dieses in unserem Falle gleich

$$\frac{\delta}{2}(Q' - Q'')$$

ist, die folgende Differentialgleichung

$$\Delta\tau - \varkappa^2(\tau - \vartheta) = 0$$

mit

$$\varkappa^2 = \frac{6\,k}{\lambda\,\delta}, \qquad \vartheta = \frac{\theta' - \theta''}{\delta}. \qquad \text{(VII, 3)}$$

Wie in der Theorie der Platten üblich[1], vernachlässigen wir die Normalspannung σ_{zz} parallel zur Z-Achse, also in der Richtung der Plattendicke, und erhalten so wie in Abschn. V, 2 für die Spannungen die Ausdrücke (V, 12)

---

[1] TIMOSHENKO.

$$\bar{\sigma}_{xx} = \frac{E}{1-\mu^2}\left[\bar{\varepsilon}_{xx} + \mu\,\bar{\varepsilon}_{yy} - (1+\mu)\,\alpha\,T\right],$$

$$\bar{\sigma}_{yy} = \frac{E}{1-\mu^2}\left[\bar{\varepsilon}_{yy} + \mu\,\bar{\varepsilon}_{xx} - (1+\mu)\,\alpha\,T\right],$$

$$\bar{\sigma}_{xy} = \frac{E}{1+\mu}\,\bar{\varepsilon}_{xy}.$$

Hierbei wurde an Stelle von $2\,G/(1-\mu)$ der Ausdruck $E/(1-\mu^2)$ verwendet.

Aus der Betrachtung der Abb. 17 ergibt sich folgende Beziehung zwischen den Verschiebungen $\bar{u}$, $\bar{v}$ und $\bar{w}$ eines Punktes der Platte

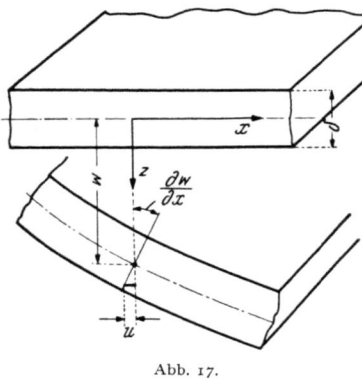

Abb. 17.

$$\bar{u} = -z\,\frac{\partial\bar{w}}{\partial x},\quad \bar{v} = -z\,\frac{\partial\bar{w}}{\partial y}. \qquad \text{(VII, 4)}$$

$\bar{w}$ bedeutet hierbei die Verschiebung eines Punktes der Mittelebene der Platte in der Richtung der positiven z-Achse. Für die Dehnungen $\bar{\varepsilon}_{xx}$, $\bar{\varepsilon}_{yy}$ und $\bar{\varepsilon}_{xy}$ erhält man daher

$$\bar{\varepsilon}_{xx} = -z\,\frac{\partial^2\bar{w}}{\partial x^2},\quad \bar{\varepsilon}_{yy} = -z\,\frac{\partial^2\bar{w}}{\partial y^2},$$

$$\bar{\varepsilon}_{xy} = -z\,\frac{\partial^2\bar{w}}{\partial x\,\partial y}.$$

Setzt man diese Ausdrücke und $T = \tau\,z$ in die Gleichungen für die Spannungen ein, so bekommt man

$$\left.\begin{aligned}
\bar{\sigma}_{xx} &= -\frac{E\,z}{1-\mu^2}\left[\frac{\partial^2\bar{w}}{\partial x^2} + \mu\,\frac{\partial^2\bar{w}}{\partial y^2} + \alpha\,(1+\mu)\,\tau\right],\\
\bar{\sigma}_{yy} &= -\frac{E\,z}{1-\mu^2}\left[\frac{\partial^2\bar{w}}{\partial y^2} + \mu\,\frac{\partial^2\bar{w}}{\partial x^2} + \alpha\,(1+\mu)\,\tau\right],\\
\bar{\sigma}_{xy} &= -\frac{E\,z}{1+\mu}\,\frac{\partial^2\bar{w}}{\partial x\,\partial y}.
\end{aligned}\right\} \qquad \text{(VII, 5)}$$

Anstatt mit den Spannungen pflegt man in der Plattentheorie gewöhnlich mit den Momenten zu rechnen. Durch Integration über z findet man die Momente

$$\left.\begin{aligned}
\bar{m}_{xx} &= \int_{-\frac{\delta}{2}}^{+\frac{\delta}{2}} z\,\bar{\sigma}_{xx}\,dz = -N\left[\frac{\partial^2\bar{w}}{\partial x^2} + \mu\,\frac{\partial^2\bar{w}}{\partial y^2} + \alpha\,(1+\mu)\,\tau\right],\\
\bar{m}_{yy} &= \int_{-\frac{\delta}{2}}^{+\frac{\delta}{2}} z\,\bar{\sigma}_{yy}\,dz = -N\left[\frac{\partial^2\bar{w}}{\partial y^2} + \mu\,\frac{\partial^2\bar{w}}{\partial x^2} + \alpha\,(1+\mu)\,\tau\right],\\
\bar{m}_{xy} &= -N\,(1-\mu)\,\frac{\partial^2\bar{w}}{\partial x\,\partial y}.
\end{aligned}\right\} \qquad \text{(VII, 6)}$$

Allgemeine Theorie.

N bedeutet hierbei den als Plattensteifigkeit bezeichneten Ausdruck

$$N = \frac{E\,\delta^3}{12\,(1-\mu^2)}. \qquad (VII, 7)$$

Betrachtet man ein Plattenelement mit der Grundfläche $dx \cdot dy$ und der Höhe δ (Abb. 18), so findet man aus der Gleichgewichtsgleichung für die Momente um die y-Achse bzw. x-Achse

$$\bar{q}_x = \frac{\partial \bar{m}_{xx}}{\partial x} + \frac{\partial \bar{m}_{xy}}{\partial y},$$

$$\bar{q}_y = \frac{\partial \bar{m}_{yy}}{\partial y} + \frac{\partial \bar{m}_{xy}}{\partial x}.$$

Dabei bedeutet $\bar{q}_x\,dy$ die auf das Flächenelement $dy \cdot \delta$ wirkende Scherkraft, $\bar{q}_y\,dx$ die Scherkraft auf das Flächenelement $dx \cdot \delta$. Durch Einsetzen der Werte für die Momente erhält man aus diesen Gleichungen

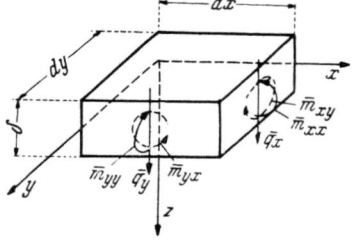

Abb. 18.

$$\left.\begin{aligned}\bar{q}_x &= -N\left\{\frac{\partial}{\partial x}\left[\frac{\partial^2 \bar{w}}{\partial x^2} + \mu\frac{\partial^2 \bar{w}}{\partial y^2} + \alpha\,(1+\mu)\,\tau\right] + \right.\\ &\qquad \left. + (1-\mu)\frac{\partial^3 \bar{w}}{\partial x\,\partial y^2}\right\} = -N\frac{\partial}{\partial x}[\varDelta \bar{w} + \alpha\,(1+\mu)\,\tau],\\ \bar{q}_y &= -N\frac{\partial}{\partial y}[\varDelta \bar{w} + \alpha\,(1+\mu)\,\tau].\end{aligned}\right\} \quad (VII, 8)$$

Das Gleichgewicht der Kräfte in der z-Richtung ergibt, wie der Abb. 18 entnommen werden kann, die Gleichung

$$\frac{\partial \bar{q}_x}{\partial x} + \frac{\partial \bar{q}_y}{\partial y} = 0,$$

und hierin die Ausdrücke für q_x und q_y eingesetzt

$$\varDelta\,[\varDelta \bar{w} + \alpha\,(1+\mu)\,\tau] = 0. \qquad (VII, 9)$$

Wir können irgendeine partikulare Lösung der Differentialgleichung (VII, 9) verwenden. Im allgemeinen wird diese Lösung $\bar{w}$ die Randwerte längs der Plattenränder, die durch die Art der Auflagerung bedingt sind, nicht erfüllen. Es wird demnach notwendig sein, eine Lösung der unbelasteten Platte nach der üblichen Plattentheorie mit solchen Randwerten zu überlagern, daß sie im Verein mit jenen der Lösung $\bar{w}$ die vorgeschriebenen Randwerte erfüllt.

Ist z. B. das Wärmegefälle τ konstant oder linear veränderlich, somit $\varDelta\tau = 0$, so können wir die Lösung $\bar{w} = 0$ von Gl. (VII, 9) benützen und erhalten für die Momente

$$\bar{m}_{xx} = \bar{m}_{yy} = -N\,\alpha\,(1+\mu)\cdot\tau, \qquad \bar{m}_{xy} = 0, \qquad (VII, 10)$$

$$\bar{q}_x = -N\,\alpha\,(1+\mu)\,\frac{\partial \tau}{\partial x}, \qquad \bar{q}_y = -N\,\alpha\,(1+\mu)\,\frac{\partial \tau}{\partial y}. \qquad (VII, 11)$$

Diese Lösung entspricht einer Platte mit unverschieblich unterstützten und unverdrehbar eingespannten Rändern; die Platte bleibt eben.

2. Die Platte unter dem Einfluß von Randkräften und Randmomenten. Je nach der Art der Auflagerung der Platte an den Rändern müssen w und die Ableitungen von w bestimmte Randbedingungen erfüllen. Im allgemeinen wird eine partikulare Lösung von (VII, 9), wie schon erwähnt, diesen Randbedingungen nicht genügen.

Die zu überlagernde Lösung $\overline{\overline{w}}$ muß die Differentialgleichung

$$\Delta\Delta\overline{\overline{w}} = 0 \qquad (VII, 12)$$

befriedigen. Aus der Theorie ebener Platten folgt dann für die Momente

$$\overline{\overline{m}}_{xx} = -N\left[\frac{\partial^2\overline{\overline{w}}}{\partial x^2} + \mu\frac{\partial^2\overline{\overline{w}}}{\partial y^2}\right], \quad \overline{\overline{m}}_{yy} = -N\left[\frac{\partial^2\overline{\overline{w}}}{\partial y^2} + \mu\frac{\partial^2\overline{\overline{w}}}{\partial x^2}\right],$$
$$\overline{\overline{m}}_{xy} = -N(1-\mu)\frac{\partial^2\overline{\overline{w}}}{\partial x\,\partial y} \qquad (VII, 13)$$

und die Querkräfte sind durch

$$\overline{\overline{q}}_x = -N\frac{\partial}{\partial x}\Delta\overline{\overline{w}}, \qquad \overline{\overline{q}}_y = -N\frac{\partial}{\partial y}\Delta\overline{\overline{w}} \qquad (VII, 14)$$

gegeben. Die Lösung

$$w = \overline{w} + \overline{\overline{w}}$$

muß dann die in dem vorgelegten Falle vorgeschriebenen Randwerte aufweisen.

3. Die Randbedingungen einer Platte. Die Differentialgl. (VII, 9) verlangt zur eindeutigen Festlegung der Lösung zwei Bedingungen längs der die Platte begrenzenden Ränder. So muß bei einem geklemmten (unverdrehbar gelagerten) und unverschieblich unterstützten Plattenrand $x = a$ längs desselben

$$w = 0 \text{ und } \frac{\partial w}{\partial x} = 0$$

sein. Ist der Rand unverschieblich, aber die Platte hier frei verdrehbar gestützt, so lautet die Randbedingung

$$w = 0 \quad \text{und} \quad m_{xx} = 0,$$

wobei dann aus der ersten Bedingung auch $\frac{\partial^2 w}{\partial y^2} = 0$ folgt und dadurch die zweite Randbedingung, in welcher dieser Wert vorkommt, vereinfacht werden kann. Ist endlich der Rand der Platte vollständig frei, also weder gestützt noch geklemmt, so ist hier zunächst wiederum

$$m_{xx} = 0.$$

Es ist aber nicht möglich, außerdem noch jede der beiden anderen Bedingungen, daß nämlich die Querkräfte q_x und auch die Momente m_{xy} hier verschwinden, für sich zu erfüllen. Man muß sich vielmehr damit begnügen, die Summe von q_x und der durch zwei Scherkräfte ersetzten

Drillingsmomente m_{xy} am Rande gleich Null zu setzen. Man erhält auf diese Weise

$$q_x{}^* = q_x + \frac{\partial m_{xy}}{\partial y} = 0$$

als zweite Bedingung für einen freien Rand.

Liegt also z. B. die partikulare Lösung $\bar{w} = 0$ der Differentialgleichung (VII, 9) vor, welche entsprechend den Gl. (VII, 10) und (VII, 11) für einen Rand $x = a$ die Randwerte der Momente

$$\bar{m}_{xx} = -N(1+\mu)\alpha\tau, \qquad \bar{m}_{xy} = 0$$

und die Randscherkräfte

$$\bar{q}_x{}^* = \bar{q}_x + \frac{\partial \bar{m}_{xy}}{\partial y} = -N\alpha(1+\mu)\frac{\partial \tau}{\partial x},$$

$$\bar{q}_y{}^* = \bar{q}_y + \frac{\partial \bar{m}_{xy}}{\partial x} = -N\alpha(1+\mu)\frac{\partial \tau}{\partial y}$$

besitzt, so ist eine Lösung der Differentialgl. (VII, 12) für $\bar{\bar{w}}$ zu überlagern, welche die folgende Bedingung erfüllt: Bei einem geklemmten und gestützten Rand $x = a$

$$\bar{\bar{w}} = 0, \quad \frac{\partial \bar{\bar{w}}}{\partial x} = 0. \qquad \text{(VII, 15)}$$

Bei einem gestützten und verdrehbaren Rand $x = a$

$$\bar{\bar{w}} = 0, \ \bar{\bar{m}}_{xx} = -\bar{m}_{xx} \ \text{oder} \ \frac{\partial^2 \bar{\bar{w}}}{\partial x^2} + \mu \frac{\partial^2 \bar{\bar{w}}}{\partial y^2} = -\alpha(1+\mu)\tau.$$

Dies läßt sich wegen der ersten Randbedingung $\bar{\bar{w}} = 0$ auf

$$\bar{\bar{w}} = 0, \quad \frac{\partial^2 \bar{\bar{w}}}{\partial x^2} = -\alpha(1+\mu)\tau \qquad \text{(VII, 16)}$$

vereinfachen.

Bei einem freien Rand $x = a$ wird für die Randquerkräfte

$$\bar{\bar{q}}_x{}^* = -\bar{q}_x{}^*$$

oder mit den Werten

$$\bar{\bar{q}}_x{}^* = \bar{\bar{q}}_x + \frac{\partial \bar{\bar{m}}_{xy}}{\partial y} = -N\frac{\partial}{\partial x}\left\{\frac{\partial^2 \bar{\bar{w}}}{\partial x^2} + (2-\mu)\frac{\partial^2 \bar{\bar{w}}}{\partial y^2}\right\}$$

und

$$\bar{q}_x{}^* = \bar{q}_x = -N(1+\mu)\alpha\frac{\partial \tau}{\partial x},$$

also

$$\frac{\partial}{\partial x}\left[\frac{\partial^2 \bar{\bar{w}}}{\partial x^2} + (2-\mu)\frac{\partial^2 \bar{\bar{w}}}{\partial y^2}\right] = -\alpha(1+\mu)\frac{\partial \tau}{\partial x} \qquad \text{(VII, 17)}$$

und

$$\frac{\partial^2 \bar{\bar{w}}}{\partial x^2} + \mu \frac{\partial^2 \bar{\bar{w}}}{\partial y^2} = -\alpha(1+\mu)\tau.$$

Die zweite Gleichung ist die Bedingung Gl. (VII, 16), daß der Rand $x = a$ frei von Momenten m_{xx} ist, daß also

$$\bar{\bar{m}}_{xx} = -\bar{m}_{xx}$$

wird.

4. Die rechteckige Platte mit gegebener Oberflächentemperatur.

Die Oberflächen einer rechteckigen Platte mit den Seiten $x = \pm a$ und $y = \pm b$ und der Dicke δ sollen auf den Temperaturen $T(x, y)$ und $-T(x, y)$ gehalten werden. Das Temperaturfeld ist also durch

$$\tau(x, y) = \frac{2\, T(x, y)}{\delta}$$

gegeben. Setzen wir noch voraus, daß die vorgegebene Temperatur $T(x, y)$ der Gleichung $\Delta T = 0$ genügt, so daß also auch

$$\Delta \tau = 0$$

ist, so können wir die partikulare Lösung der Gl. (VII, 9) $\overline{w} = 0$ benützen, welche entsprechend den Gl. (VII, 10) die Momente liefert

$$\overline{m}_{xx} = \overline{m}_{yy} = -N\alpha(1+\mu)\tau(x,y), \qquad \overline{m}_{xy} = 0,$$

oder wenn wir die Werte für $N = \dfrac{E\delta^3}{12(1-\mu^2)}$ und für τ einsetzen

$$\overline{m}_{xx} = \overline{m}_{yy} = -\frac{E\delta^2}{6(1-\mu)}\alpha\, T(x,y). \qquad \text{(VII, 18)}$$

Ist die Platte an den Rändern unverschieblich gestützt und unverdrehbar geklemmt, so ist dies bereits die endgültige Lösung. Liegt eine solche Platte aber am Rande frei drehbar auf, so muß, um dann die Einspannmomente zum Verschwinden zu bringen, eine Lösung der Plattengleichung (VII, 12) überlagert werden, die folgende Randbedingungen erfüllt;

für $x = \pm a$ $\quad \overline{w} = 0 \quad$ und $\quad \overline{\overline{m}}_{xx} = -\overline{m}_{xx},$
für $y = \pm b$ $\quad \overline{w} = 0 \quad$ und $\quad \overline{\overline{m}}_{yy} = -\overline{m}_{yy}.$ $\quad$ (VII, 19)

Wir wollen nun annehmen, daß sich die Temperatur an der Oberfläche $z = +\dfrac{\delta}{2}$ und $z = -\dfrac{\delta}{2}$ längs der Plattenränder

und
$x = \pm a$ in der Form $T(a, y) = p \cos \omega\, y/b$
$y = \pm b$ in der Form $T(x, b) = q \cos \omega\, x/a$ $\quad$ (VII, 20)

darstellen läßt, worin ω eine ungerade Anzahl von Vielfachen von $\dfrac{\pi}{2}$, also

$$\omega = (2n+1)\frac{\pi}{2}, \qquad (n = 0, 1, 2, 3 \ldots)$$

bedeutet. Die Einschränkung, daß hierdurch nur in x und y gerade Funktionen darzustellen sind, nehmen wir mit Rücksicht auf die praktischen Anwendungen in Kauf; sie kann übrigens durch eine Erweiterung des Ansatzes behoben werden.

p bedeutet die Temperatur in der Mitte der Seiten $x = \pm a$, q in der Mitte der Seiten $y = \pm b$.

Für die Randmomente erhalten wir mit den angegebenen Werten (VII, 20) für $T(x, y)$ längs den Rändern nach den Gleichungen (VII, 18)

Die rechteckige Platte mit gegebener Oberflächentemperatur.

$$x = \pm a \quad \overline{m}_{xx} = -\frac{E\,\delta^2}{6\,(1-\mu)}\,\alpha\,p\cos\omega\frac{y}{b} = -A\cos\omega\frac{y}{b},$$
$$y = \pm b \quad \overline{m}_{yy} = -\frac{E\,\delta^2}{6\,(1-\mu)}\,\alpha\,q\cos\omega\frac{x}{a} = -B\cos\omega\frac{x}{a}.$$
(VII, 21)

Hierin wurde zur Vereinfachung

$$A = \frac{E\,\delta^2\,\alpha\,p}{6\,(1-\mu)} \quad \text{und} \quad B = \frac{E\,\delta^2\,\alpha\,q}{6\,(1-\mu)} \qquad \text{(VII, 22)}$$

gesetzt.

Mithin können die Randbedingungen für $\overline{w}$ in folgender Form angeschrieben werden:

für $x = \pm a$ $\quad \overline{w} = 0$ und weil $m_{xx} = -N\dfrac{\partial^2 \overline{w}}{\partial x^2}$,

$\qquad\qquad\qquad N\dfrac{\partial^2 \overline{w}}{\partial x^2} = -A\cos\omega\dfrac{y}{b}$,

für $y = \pm b$ $\quad \overline{w} = 0$,

$\qquad\qquad\qquad N\dfrac{\partial^2 \overline{w}}{\partial y^2} = -B\cos\omega\dfrac{x}{a}$.

(VII, 23)

Wir lösen diese Aufgabe in zwei Schritten und setzen zunächst

$$\overline{w} = w_1 + w_2.$$

Dabei soll w_1 die Randbedingungen

$$x = \pm a \quad w_1 = 0 \quad \text{und} \quad \frac{\partial^2 w_1}{\partial x^2} = 0,$$
$$y = \pm b \quad w_1 = 0 \quad \text{und} \quad N\frac{\partial^2 w_1}{\partial y^2} = -B\cos\omega\frac{x}{a}$$
(VII, 24)

und w_2 die Randbedingungen

$$x = \pm a \quad w_2 = 0 \quad \text{und} \quad N\frac{\partial^2 w_2}{\partial x^2} = -A\cos\omega\frac{y}{b},$$
$$y = \pm b \quad w_2 = 0 \quad \text{und} \quad \frac{\partial^2 w_2}{\partial y^2} = 0$$
(VII, 25)

erfüllen. Die Summe $\overline{w} = w_1 + w_2$ nimmt dann die für $\overline{w}$ vorgeschriebenen Randwerte an.

Der Ansatz

$$N\,w_1 = C\left(\omega\frac{y}{a}\,\mathfrak{Sin}\,\omega\frac{y}{a} - \mathfrak{Cos}\,\omega\frac{y}{a}\cdot\omega\frac{b}{a}\,\mathfrak{Tg}\,\omega\frac{b}{a}\right)\cos\omega\frac{x}{a} \qquad \text{(VII, 26)}$$

genügt der Differentialgleichung (VII, 12) bei beliebigen Werten von C und $\omega = (2n-1)\dfrac{\pi}{2}$ ($n = 1, 2, 3\ldots$). Wir schreiben die im folgenden benötigten zweiten Ableitungen

$$N\frac{\partial^2 w_1}{\partial x^2} = -C\frac{\omega^2}{a^2}\left[\omega\frac{y}{a}\,\mathfrak{Sin}\,\omega\frac{y}{a} - \mathfrak{Cos}\,\omega\frac{y}{a}\cdot\omega\frac{b}{a}\,\mathfrak{Tg}\,\omega\cdot\frac{b}{a}\right]\cos\omega\frac{x}{a}$$
(VII, 27)

und

$$N\frac{\partial^2 w_1}{\partial y^2} = -C\frac{\omega^2}{a^2}\left[-\omega\frac{y}{a}\,\mathfrak{Sin}\,\omega\frac{y}{a} - \mathfrak{Cos}\,\omega\frac{y}{a}\left(2 - \omega\frac{b}{a}\,\mathfrak{Tg}\,\omega\frac{b}{a}\right)\right]\cos\omega\frac{x}{a}$$

Wärmespannungen in Platten.

an und bemerken, daß die Randbedingungen (VII, 24) für $x = \pm a$ wegen

$$\cos \omega = \cos (2n + 1) \frac{\pi}{2} = 0$$

erfüllt sind. Ebenso ist die Randbedingung (VII, 24) für $y = \pm b$

$$w_1 = 0,$$

wie man sofort bestätigt findet, befriedigt.

Die zweite Bedingung an diesem Rand, nämlich

$$N \frac{\partial^2 w_1}{\partial y^2} = -B \cos \omega \frac{x}{a}$$

ergibt die Gleichung

$$N \frac{\partial^2 w_1}{\partial y^2} = -C \frac{\omega^2}{a^2} \Big[-\omega \frac{b}{a} \mathfrak{Sin}\, \omega \frac{b}{a} -$$

$$- \mathfrak{Cof}\, \omega \frac{b}{a} \Big(2 - \omega \frac{b}{a} \mathfrak{Tg}\, \omega \frac{b}{a} \Big) \Big] \cos \omega \frac{x}{a} = -B \cos \omega \frac{x}{a}$$

und hieraus folgt für C der Wert

$$C = -\frac{a^2}{\omega^2} \frac{B}{2\, \mathfrak{Cof}\, \omega \frac{b}{a}}. \qquad \text{(VII, 28)}$$

Es wird also mit diesem Wert von C nach Gl. (VII, 27)

$$\left. \begin{array}{l} N \dfrac{\partial^2 w_1}{\partial x^2} = \dfrac{B}{2\, \mathfrak{Cof}\, \omega \frac{b}{a}} \cdot \\[2mm] \cdot \Big[\omega \dfrac{y}{a} \mathfrak{Sin}\, \omega \dfrac{y}{a} - \mathfrak{Cof}\, \omega \dfrac{y}{a} \cdot \omega \dfrac{b}{a} \mathfrak{Tg}\, \omega \dfrac{b}{a} \Big] \cos \omega \dfrac{x}{a}, \\[2mm] N \dfrac{\partial^2 w_1}{\partial y^2} = \dfrac{B}{2\, \mathfrak{Cof}\, \omega \frac{b}{a}} \cdot \\[2mm] \cdot \Big[-\omega \dfrac{y}{a} \mathfrak{Sin}\, \omega \dfrac{y}{a} - \mathfrak{Cof}\, \omega \dfrac{y}{a} \Big(2 - \omega \dfrac{b}{a} \mathfrak{Tg}\, \omega \dfrac{b}{a} \Big) \Big] \cos \omega \dfrac{x}{a}. \end{array} \right\} \quad \text{(VII, 29)}$$

Die Lösung für w_2 kann sofort aus jener für w_1 erhalten werden, wenn x mit y und a mit b vertauscht wird. Man erhält auf diese Weise aus Gl. (VII, 26) und (VII, 28)

$$\left. \begin{array}{l} N w_2 = D \Big[\omega \dfrac{x}{b} \mathfrak{Sin}\, \omega \dfrac{x}{b} - \mathfrak{Cof}\, \omega \dfrac{x}{b} \cdot \omega \dfrac{a}{b} \mathfrak{Tg}\, \omega \dfrac{a}{b} \Big] \cos \omega \dfrac{y}{b}, \\[2mm] D = -\dfrac{b^2}{\omega^2} \dfrac{A}{2\, \mathfrak{Cof}\, \omega \dfrac{a}{b}}. \end{array} \right\} \quad \text{(VII, 30)}$$

Die rechteckige Platte mit gegebener Oberflächentemperatur.

Dies ergibt für die zweiten Ableitungen die Werte

$$N \frac{\partial^2 w_2}{\partial x^2} = \frac{A}{2 \mathfrak{Cof}\, \omega \frac{a}{b}} \cdot$$
$$\cdot \left[-\omega \frac{x}{b} \mathfrak{Sin}\, \omega \frac{x}{b} - \mathfrak{Cof}\, \omega \frac{x}{b} \left(2 - \omega \frac{a}{b} \mathfrak{Tg}\, \omega \frac{a}{b} \right) \right] \cos \omega \frac{y}{b},$$
$$N \frac{\partial^2 w_2}{\partial y^2} = \frac{A}{2 \mathfrak{Cof}\, \omega \frac{a}{b}} \cdot$$
$$\cdot \left[\omega \frac{x}{b} \mathfrak{Sin}\, \omega \frac{x}{b} - \mathfrak{Cof}\, \omega \frac{x}{b} \cdot \omega \frac{a}{b} \mathfrak{Tg}\, \omega \frac{a}{b} \right] \cos \omega \frac{y}{b}.$$

(VII, 31)

Unsere Aufgabe ist damit gelöst. Die endgültigen Durchbiegungen w werden als Summe

$$\overline{w} = w_1 + w_2$$

und ähnlich alle anderen Größen gefunden.

Wir begnügen uns mit der Bestimmung der Momente in Plattenmitte, also für $x = 0$ und $y = 0$. Zur Abkürzung setzen wir

$$\omega \frac{b}{a} = \sigma \quad \text{und} \quad \omega \frac{a}{b} = \varrho \qquad (VII, 32)$$

und erhalten nach den Gl. (VII, 13) mit den Werten der Gl. (VII, 29) und (VII, 31)

$$m_{1xx} = -N \left(\frac{\partial^2 w_1}{\partial x^2} + \mu \frac{\partial^2 w_1}{\partial y^2} \right) = \frac{B}{2 \mathfrak{Cof}\, \sigma} [(1 - \mu) \sigma \mathfrak{Tg}\, \sigma + 2\mu] \cos \omega \frac{x}{a},$$

$$m_{1yy} = -N \left(\frac{\partial^2 w_1}{\partial y^2} + \mu \frac{\partial^2 w_1}{\partial x^2} \right) = \frac{B}{2 \mathfrak{Cof}\, \sigma} [2 - (1 - \mu) \sigma \mathfrak{Tg}\, \sigma] \cos \omega \frac{x}{a},$$

$$m_{2xx} = -N \left(\frac{\partial^2 w_2}{\partial x^2} + \mu \frac{\partial^2 w_2}{\partial y^2} \right) = \frac{A}{2 \mathfrak{Cof}\, \varrho} [2 - (1 - \mu) \varrho \mathfrak{Tg}\, \varrho] \cos \omega \frac{y}{b},$$

$$m_{2yy} = -N \left(\frac{\partial^2 w_2}{\partial y_2} + \mu \frac{\partial^2 w_2}{\partial x^2} \right) = \frac{A}{2 \mathfrak{Cof}\, \varrho} [(1 - \mu) \varrho \mathfrak{Tg}\, \varrho + 2\mu] \cos \omega \frac{y}{b}.$$

(VII, 33)

Bezeichnet man den Wert von $T(x, y)$ in Plattenmitte, also für $x = 0$ und $y = 0$ mit T_0, so werden hier die Momente

$$\overline{m}_{xx} = \overline{m}_{yy} = -\frac{E \delta^2}{6(1-\mu)} \alpha \cdot T_0 \qquad (VII, 34)$$

und die endgültigen Momente in Plattenmitte bei frei verdrehbaren Rändern

$$m = \overline{m} + m_1 + m_2.$$

$$m_{xx} = \frac{E \alpha \delta^2}{6(1-\mu)} \left\{ -T_0 + \frac{q}{2 \mathfrak{Cof}\, \sigma} [(1-\mu) \sigma \mathfrak{Tg}\, \sigma + 2\mu] + \right.$$
$$\left. + \frac{p}{2 \mathfrak{Cof}\, \varrho} [2 - (1-\mu) \varrho \mathfrak{Tg}\, \varrho] \right\},$$
$$m_{yy} = \frac{E \alpha \delta^2}{6(1-\mu)} \left\{ -T_0 + \frac{q}{2 \mathfrak{Cof}\, \sigma} [2 - (1-\mu) \sigma \mathfrak{Tg}\, \sigma] + \right.$$
$$\left. + \frac{p}{2 \mathfrak{Cof}\, \varrho} [(1-\mu) \varrho \mathfrak{Tg}\, \varrho + 2\mu] \right\}.$$

(VII, 35)

Wärmespannungen in Platten.

Wir können jetzt leicht einen Schritt weitergehen. Ist nämlich die Temperatur längs der Ränder durch FOURIERsche Reihen

$$\left. \begin{array}{l} x = \pm a \quad T(a, y) = \sum_{n=0}^{\infty} p_n \cos \frac{2n+1}{2} \pi \frac{y}{b}, \\ y = \pm b \quad T(x, b) = \sum_{n=0}^{\infty} q_n \cos \frac{2n+1}{2} \pi \frac{x}{a} \end{array} \right\} \quad \text{(VII, 36)}$$

gegeben, so können alle Größen durch Überlagerung der den einzelnen Summanden entsprechenden Lösungen gefunden werden. Insbesondere für die Momente in Plattenmitte ergibt sich aus Gl. (VII, 35)

$$\left. \begin{array}{l} m_{xx} = \frac{E \alpha \delta^2}{6(1-\mu)} \Big\{ -T_0 + \sum_{n=0}^{\infty} \frac{q_n}{2 \mathfrak{Cof} \sigma_n} [(1-\mu) \sigma_n \mathfrak{Tg} \sigma_n + 2\mu] + \\ \qquad + \frac{p_n}{2 \mathfrak{Cof} \varrho_n} [2 - (1-\mu) \varrho_n \mathfrak{Tg} \varrho_n] \Big\}, \\ m_{yy} = \frac{E \alpha \delta^2}{6(1-\mu)} \Big\{ -T_0 + \sum_{n=0}^{\infty} \frac{q_n}{2 \mathfrak{Cof} \sigma_n} [2 - (1-\mu) \sigma_n \mathfrak{Tg} \sigma_n] + \\ \qquad + \frac{p_n}{2 \mathfrak{Cof} \varrho_n} [(1-\mu) \varrho_n \mathfrak{Tg} \varrho_n + 2\mu] \Big\}. \end{array} \right\} \quad \text{(VII, 37)}$$

Hierin bedeutet:

$$\sigma_n = \omega_n \frac{b}{a}, \quad \varrho_n = \omega_n \frac{a}{b}, \quad \omega_n = (2n+1)\frac{\pi}{2}.$$

Der besondere Fall, daß die Temperatur über die ganzen Oberflächen der Platte konstant ist, also an der Unterseite $+T$, an der Oberseite $-T$ betrage, führt zu folgendem Ergebnis:

Die FOURIERsche Entwicklung von $T = \text{const}$ längs der Ränder $x = \pm a$ nach Vielfachen ungerader Anzahl von $\frac{\pi}{2}$ lautet

$$T(a\,y) = T = \frac{4T}{\pi} \sum_{n=0}^{\infty} \frac{\sin(2n+1)\frac{\pi}{2}}{2n+1} \cos(2n+1)\frac{\pi}{2} \cdot \frac{y}{b} \quad \text{(VII, 38a)}$$

und längs der Ränder $y = \pm b$

$$T = \frac{4T}{\pi} \sum_{n=0}^{\infty} \frac{\sin(2n+1)\frac{\pi}{2}}{2n+1} \cos(2n+1)\frac{\pi}{2} \frac{x}{a}. \quad \text{(VII, 38b)}$$

Es ist also in unserem Falle

$$p_n = q_n = 2T \frac{\sin(2n+1)\frac{\pi}{2}}{(2n+1)\frac{\pi}{2}}, \quad T_0 = T, \quad \text{(VII, 39)}$$

Platten mit einer wärmespendenden Schicht.

so daß sich für die Momente in Plattenmitte aus Gl. (VII, 37) die Werte ergeben

$$m_{xx} = \frac{E \alpha \delta^2}{6(1-\mu)} \cdot T(-1 + c_x), \quad m_{yy} = \frac{E \alpha \delta^2}{6(1-\mu)} T(-1 + c_y), \quad (VII\ 40)$$

wobei

$$\left.\begin{aligned}c_x &= \sum_{n=0}^{\infty} \frac{\sin(2n+1)\frac{\pi}{2}}{(2n+1)\frac{\pi}{2}} \left\{ \frac{1}{\mathfrak{Cof}\,\sigma_n}[(1-\mu)\sigma_n \mathfrak{Tg}\,\sigma_n + 2\mu] + \right.\\ &\qquad\qquad \left. + \frac{1}{\mathfrak{Cof}\,\varrho_n}[2-(1-\mu)\varrho_n \mathfrak{Tg}\,\varrho_n]\right\},\\ c_y &= \sum_{n=0}^{\infty} \frac{\sin(2n+1)\frac{\pi}{2}}{(2n+1)\frac{\pi}{2}} \cdot \left\{ \frac{1}{\mathfrak{Cof}\,\sigma_n}[2-(1-\mu)\sigma_n \mathfrak{Tg}\,\sigma_n] + \right.\\ &\qquad\qquad \left. + \frac{1}{\mathfrak{Cof}\,\varrho_n}[(1-\mu)\varrho_n \mathfrak{Tg}\,\varrho_n + 2\mu]\right\}.\end{aligned}\right\} \quad (VII,\ 41)$$

Die Koeffizienten c_x und c_y sind nach Gl. (VII, 41) für verschiedene Werte von $\frac{b}{a}$ in der folgenden Tabelle angegeben. Die X-Achse ist hierbei in die Richtung der kürzeren Seite $2a$ zu legen.

$\frac{b}{a} =$	1	1,5	2,0	2,5	3,0
$c_x =$	0,651	0,843	0,914	0,963	0,990
$c_y =$	0,651	0,465	0,405	0,342	0,330

5. Platten mit einer wärmespendenden Schicht. Wir betrachten eine dünne Platte von der Dicke $H = h_1 + h_2$ (Abb. 19), in welcher im Abstande h_1 von der einen Begrenzungsfläche und im Abstande h_2 von der anderen eine unendlich dünne wärmespendende Schicht liegt. In dieser Ebene soll der Ursprung eines rechtwinkeligen Koordinatensystems liegen; die Z-Achse liegt senkrecht zu der Plattenebene, in welche die X- und Y-Richtung fallen, so daß $z = h_1$ und $z = -h_2$ die Begrenzungsflächen der Platte sind. Die seitliche Begrenzung erfolge durch $x = \pm a$ und $y = \pm b$. Die

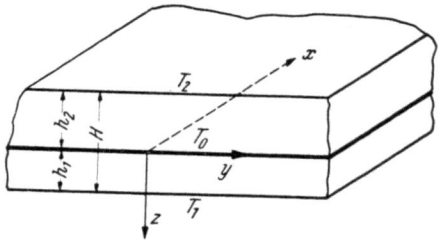

Abb. 19.

Temperaturen seien in $z = h_1$ mit T_1, in $z = -h_2$ mit T_2 und in der wärmespendenden Schicht $z = 0$ mit T_0 gegeben. Es soll ein stationärer Temperaturzustand vorliegen. Überdies sollen T_1, T_2 und T_0 von x und y unabhängig sein. Auf dieses Problem führt mit einiger Idealisierung die Frage nach den Spannungen, welche in einer geheizten Betondecke entstehen.

68   Wärmespannungen in Platten.

Die Differentialgleichung (I, 6) vereinfacht sich in diesem Falle, weil das Temperaturfeld von x und y unabhängig ist, auf die gewöhnliche Differentialgleichung

$$\frac{d^2 T}{dz^2} = 0 \qquad (VII, 42)$$

mit folgenden Randbedingungen:

$$\left. \begin{array}{l} T = T_0 \text{ für } z = 0, \\ T = T_1 \text{ für } z = h_1 \text{ und } T = T_2 \text{ für } z = -h_2. \end{array} \right\} \qquad (VII, 43)$$

Setzen wir zur Abkürzung

$$T_0 - T_1 = \delta T_1 \quad \text{und} \quad T_0 - T_2 = \delta T_2,$$

so lautet die Lösung für $z \geqq 0$

$$T = T_0 - \delta T_1 \cdot \frac{z}{h_1} = T_0 - \tau_1 z \qquad (VII, 44a)$$

und für $z \leqq 0$

$$T = T_0 + \delta T_2 \frac{z}{h_2} = T_0 + \tau_2 z \qquad (VII, 44b)$$

mit

$$\tau_1 = \frac{\delta T_1}{h_1}, \qquad \tau_2 = \frac{\delta T_2}{h_2}.$$

Gl. (VII, 9) liefert hier die Lösungen $w_1 = 0$, $w_2 = 0$ und die Gl. (VII, 5) ergeben hier für die Spannungen die Werte

$$\left. \begin{array}{l} \bar{\sigma}_{xx} = \bar{\sigma}_{yy} = -\dfrac{E \alpha}{(1-\mu^2)} (1+\mu) (T_0 - \tau_1 z) \quad z \geqq 0, \\[6pt] \bar{\sigma}_{xx} = \bar{\sigma}_{yy} = -\dfrac{E \alpha}{(1-\mu^2)} (1+\mu) (T_0 + \tau_2 z) \quad z \leqq 0. \end{array} \right\} \qquad (VII, 45)$$

Alle anderen Spannungen verschwinden.

Es sind also Spannungs- und Temperaturverteilung über die Dicke der Platte linear und ähnlich. Die Plattenränder sind aber ebenso wie in dem Beispiel Abschn. VII, 4 nicht spannungsfrei. Wegen $w_1 = 0$ und $w_2 = 0$ sind beide Teile der Platte eben geblieben.

Die Spannungsverteilung in der Richtung der z-Achse ist in Abb. 20 dargestellt. Sie ist an jeder Stelle der Platte dieselbe und auch längs der Ränder $x = \pm a$ und $y = \pm b$ herrscht die gleiche Spannungsverteilung. Diese Spannungen (VII, 45) besitzen sowohl eine Resultierende R als auch ein Moment $\overline{M}$. Für erstere ergibt sich

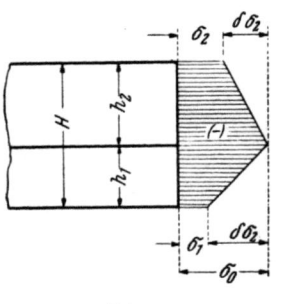

Abb. 20.

$$R = H \left(\sigma_0 - \frac{c_1}{2} \delta \sigma_1 - \frac{c_2}{2} \delta \sigma_2 \right),$$

für letzteres

$$\overline{M} = \frac{H^2}{12} \left[-\delta \sigma_1 c_1 (c_1 + 3 c_2) + \delta \sigma_2 c_2 (c_2 + 3 c_1) \right].$$

Platten mit einer wärmespendenden Schicht.

In diesen beiden Ausdrücken wurde zur Abkürzung
$$\delta\sigma_1 = \sigma_0 - \sigma_1 \text{ und } \delta\sigma_2 = \sigma_0 - \sigma_2,$$
ferner
$$h_1 = c_1 H \text{ und } h_2 = c_2 H$$
gesetzt.

σ_0 bedeutet die Spannung für $z = 0$, σ_1 und σ_2 die Spannungen an den Begrenzungsflächen $z = h_1$ bzw. $z = -h_2$ der Platte.

Ist die Platte verschieblich, aber nicht verdrehbar an den Plattenrändern gelagert, also geklemmt, dann können wir R durch Überlagerung einer Zugkraft gleicher Größe zum Verschwinden bringen. Verteilt sich diese Zugkraft gleichmäßig über die Plattendicke H, so tritt also eine zusätzliche Spannung
$$\sigma_0^* = -\frac{R}{H} = -\left[\sigma_0 - \delta\sigma_1 \frac{c_1}{2} - \delta\sigma_2 \frac{c_2}{2}\right],$$
oder wenn die bereits gefundenen Werte für $\bar\sigma$ mit $z = 0$, $z = h_1$ und $z = -h_2$ hierin eingesetzt werden,
$$\sigma_0^* = -\frac{E\alpha}{1-\mu}\left[T_0 - \frac{c_1}{2}\delta T_1 - \frac{c_2}{2}\delta T_2\right].$$
Die endgültigen Spannungen betragen $\sigma = \sigma + \sigma^*$ und dies ergibt für
$$z = h_1 \quad \bar\sigma_1 = -\frac{E\alpha}{1-\mu}\left[\left(\frac{c_1}{2} - 1\right)\delta T_1 + \frac{c_2}{2}\delta T_2\right],$$
$$z = 0 \quad \bar\sigma_0 = -\frac{E\alpha}{1-\mu}\left[\frac{c_1}{2}\delta T_1 + \frac{c_2}{2}\delta T_2\right],$$
$$z = -h_2 \quad \bar\sigma_2 = -\frac{E\alpha}{1-\mu}\left[\frac{c_1}{2}\delta T_1 + \left(\frac{c_2}{2} - 1\right)\delta T_2\right].$$

Diese Spannungen sind in allen Punkten der Platte dieselben. Das Einspannmoment $\overline{M}$ an den Plattenrändern beträgt nach Einführung der Werte für die Spannungen
$$\overline{M} = \frac{E\alpha H^2}{12(1-\mu)}\{c_1(c_1 + 3c_2)\delta T_1 - c_2(c_2 + 3c_1)\delta T_2\}.$$

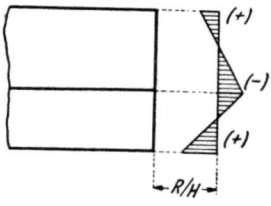

Abb. 21.

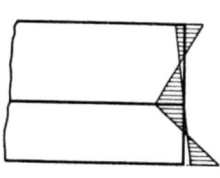

Abb. 22.

Allerdings stellt diese Lösung nur eine Näherung vor; denn nach der üblichen Plattentheorie verteilt sich ein an den Plattenrändern angreifendes Moment linear über die Plattendicke H und nicht so, wie es die Abb. 21 auf Grund unserer Ergebnisse darstellt. Aber die Differenzen der Spannungen, die in Abb. 22 ersichtlich sind, haben weder eine Resultierende noch ein Moment. Nach dem Prinzip von St. Venant kann daher ihr Einfluß in hinreichender Entfernung vom Rande vernachlässigt werden. Liegt gelenkige, aber unverschiebliche Stützung der Platte an den Rändern vor, so müssen wir über die eben gefundene Lösung eine weitere überlagern, welche die Einspannmomente zum Verschwinden bringt, ohne daß Verschiebungen an den Rändern auftreten. Es sind dies dieselben Randbedingungen, welche wir in der vorhergehenden Nummer dieses Abschnittes behandelt haben, und wir können daher das dort erhaltene Ergebnis sofort verwenden; nur ist für $\overline{M}$ jetzt der Ausdruck

$$-\overline{M} = -\frac{E\alpha H^2}{12(1-\mu)}\{c_1(c_1+3c_2)\delta T_1 - c_2(c_2+3c_1)\delta T_2\}$$

zu setzen. Damit erhalten wir die Momente in Plattenmitte

$$m_{xx} = -\overline{M} \cdot c_x$$

und

$$m_{yy} = -\overline{M} \cdot c_y.$$

Die hierdurch hervorgerufenen Spannungen kommen zu den oben mit $\bar{\sigma}_1$, $\bar{\sigma}_0$ und $\bar{\sigma}_2$ bezeichneten noch hinzu. Die Werte c_x und c_y sind der Tabelle am Schlusse von Abschn. VII, 4 zu entnehmen.

VIII. Wärmespannungen in Umdrehungskörpern infolge eines axialsymmetrischen Temperaturfeldes.

1. **Die thermisch-elastischen Gleichungen.** In einem Umdrehungskörper mit achsensymmetrischer Auflagerung wird durch ein achsensymmetrisches Temperaturfeld auch ein achsensymmetrischer Spannungszustand entstehen, so daß in allen durch die Umdrehungsachse gelegten Ebenen dieselben Spannungen und Verschiebungen auftreten. Alle Größen werden von dem Meridianwinkel unabhängig sein.

Wir beziehen uns auf Zylinderkoordinaten, legen die Z-Achse in die Richtung der Umdrehungsachse und bezeichnen den Abstand eines Punktes von derselben mit r. Die Radialspannung nennen wir σ_{rr}, die Tangentialspannung $\sigma_{\varphi\varphi}$ und die Normalspannungen in der z-Richtung σ_{zz}. Von den Schubspannungen sind dann bloß diejenigen von Null verschieden, welche sich auf Kreisen $r = $ konst. schneiden und die mit σ_{rz} bezeichnet werden sollen. Die beiden anderen Schubspannungen $\sigma_{r\varphi}$ und $\sigma_{\varphi z}$ verschwinden wegen der axialen Symmetrie. Die Abb. 23 zeigt ein Volums-

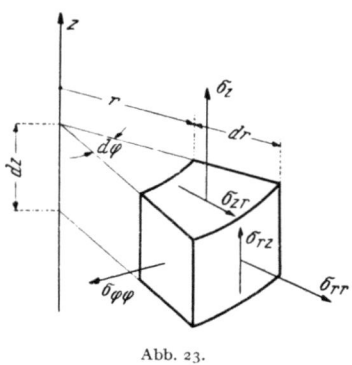

Abb. 23.

Die thermisch-elastischen Gleichungen.

element mit den an denselben angreifenden Spannungen. Für das Gleichgewicht in radialer Richtung entnimmt man dieser Abbildung die Gleichung

$$\frac{\partial}{\partial r}(\sigma_{rr}\, r\, d\varphi\, dz)\, dr + \frac{\partial}{\partial z}(\sigma_{rz}\, r\, d\varphi\, dr)\, dz - \sigma_{\varphi\varphi}\, dr\, dz\, d\varphi = 0$$

und in der Richtung der Umdrehungsachse

$$\frac{\partial}{\partial z}(\sigma_{zz}\, r\, d\varphi\, dr)\, dz + \frac{\partial}{\partial r}(\sigma_{rz}\, r\, d\varphi\, dz)\, dr = 0,$$

so daß sich die zwei den Gl. (II, 1) entsprechenden Beziehungen

$$\left.\begin{array}{l} \dfrac{\partial \sigma_{rr}}{\partial r} + \dfrac{\partial \sigma_{rz}}{\partial z} + \dfrac{\sigma_{rr} - \sigma_{zz}}{r} = 0, \\[6pt] \dfrac{\partial \sigma_{rz}}{\partial r} + \dfrac{\partial \sigma_{zz}}{\partial z} + \dfrac{\sigma_{rz}}{r} = 0 \end{array}\right\} \quad \text{(VIII, 1)}$$

ergeben. Die dritte Gleichgewichtsbedingung in tangentialer Richtung führt wegen der axialen Symmetrie zu keiner Aussage.

Wir bezeichnen die Dehnung in radialer Richtung mit ε_{rr}, in tangentialer Richtung mit $\varepsilon_{\varphi\varphi}$ und in axialer Richtung mit ε_{zz}; die Gleitung in der r-z-Ebene, also die Änderung der ursprünglich rechten Winkel zwischen r und z sei $2\,\varepsilon_{rz}$ genannt. Ist die Verschiebung eines Punktes in radialer Richtung mit u, in der Z-Richtung mit w bezeichnet, dann bestehen zwischen den Dehnungen und diesen Verschiebungen wie in Gl. (II, 2) die Beziehungen

$$\varepsilon_{rr} = \frac{\partial u}{\partial r}, \quad \varepsilon_{\varphi\varphi} = \frac{u}{r}, \quad \varepsilon_{zz} = \frac{\partial w}{\partial z}, \quad \varepsilon_{rz} = \frac{1}{2}\left(\frac{\partial u}{\partial z} + \frac{\partial w}{\partial r}\right). \quad \text{(VIII, 2)}$$

Bezüglich des Wertes von $\varepsilon_{\varphi\varphi}$ vergleiche man Gl. (VI, 55). Die Volumsdilatation e beträgt sonach

$$e = \frac{\partial u}{\partial r} + \frac{u}{r} + \frac{\partial w}{\partial z}. \quad \text{(VIII, 3)}$$

Die Gl. (II, 10), welche den Zusammenhang zwischen Spannungen und Dehnungen ausdrücken, bleiben im wesentlichen unverändert. Mit den oben eingeführten Bezeichnungen ergibt sich

$$\left.\begin{array}{l} \sigma_{rr} = 2\,G\left[\varepsilon_{rr} + \dfrac{\mu}{1-2\mu}\, e - \dfrac{1+\mu}{1-2\mu}\,\alpha\, T\right], \\[6pt] \sigma_{\varphi\varphi} = 2\,G\left[\varepsilon_{\varphi\varphi} + \dfrac{\mu}{1-2\mu}\, e - \dfrac{1+\mu}{1-2\mu}\,\alpha\, T\right], \\[6pt] \sigma_{zz} = 2\,G\left[\varepsilon_{zz} + \dfrac{\mu}{1-2\mu}\, e - \dfrac{1+\mu}{1-2\mu}\,\alpha\, T\right], \\[6pt] \sigma_{rz} = 2\,G\,\varepsilon_{rz}. \end{array}\right\} \quad \text{(VIII, 4)}$$

Setzt man nun diese Werte für die Spannungen in die erste der Gleichgewichtsgleichungen (VIII, 1) ein, so ergibt sich

$$\frac{\partial \varepsilon_{rr}}{\partial r} + \frac{\mu}{1-2\mu}\frac{\partial e}{\partial r} - \frac{1+\mu}{1-2\mu}\alpha\,\frac{\partial T}{\partial r} + \frac{\partial \varepsilon_{rz}}{\partial z} + \frac{\varepsilon_{rr}-\varepsilon_{\varphi\varphi}}{r} = 0,$$

und wenn man hierin die Dehnungen und die Dilatation entsprechend den Gl. (VIII, 2) und (VIII, 3) durch die Verschiebungen ausdrückt, findet man nach einfacher Zwischenrechnung

$$\frac{\partial^2 u}{\partial r^2} + \frac{1}{r}\frac{\partial u}{\partial r} + \frac{\partial^2 u}{\partial z^2} - \frac{u}{r^2} + \frac{1}{1-2\mu}\frac{\partial e}{\partial r} - \frac{2(1+\mu)}{1-2\mu}\alpha\frac{\partial T}{\partial r} = 0.$$

Verfährt man ebenso mit der zweiten Gl. (VIII, 1), so bekommt man

$$\frac{\partial \varepsilon_{rz}}{\partial r} + \frac{\partial \varepsilon_{zz}}{\partial z} + \frac{\mu}{1-2\mu}\frac{\partial e}{\partial z} + \frac{\varepsilon_{rz}}{r} - \frac{1+\mu}{1-2\mu}\alpha\frac{\partial T}{\partial z} = 0,$$

und hierin die Verschiebungen an Stelle der Dehnungen verwendet, gibt

$$\frac{\partial^2 w}{\partial r^2} + \frac{1}{r}\frac{\partial w}{\partial r} + \frac{\partial^2 w}{\partial z^2} + \frac{1}{1-2\mu}\frac{\partial e}{\partial z} - \frac{2(1+\mu)}{1-2\mu}\alpha\frac{\partial T}{\partial z} = 0.$$

Der Ausdruck

$$\frac{\partial^2}{\partial r^2} + \frac{1}{r}\frac{\partial}{\partial r} + \frac{\partial^2}{\partial z^2} = \varDelta$$

stellt den LAPLACEschen Operator in Zylinderkoordinaten dar. Mit seiner Verwendung können wir die beiden letzten Gleichungen in der Form schreiben

$$\left.\begin{aligned}\varDelta u - \frac{u}{r^2} + \frac{1}{1-2\mu}\frac{\partial e}{\partial r} - \frac{2(1+\mu)}{1-2\mu}\alpha\frac{\partial T}{\partial r} &= 0, \\ \varDelta w + \frac{1}{1-2\mu}\frac{\partial e}{\partial z} - \frac{2(1+\mu)}{1-2\mu}\alpha\frac{\partial T}{\partial z} &= 0.\end{aligned}\right\} \quad \text{(VIII, 5)}$$

Wir versuchen nun ebenso wie in Abschn. II, 3 eine partikulare Lösung dieses Systems von zwei Differentialgleichungen durch den Ansatz

$$u = \frac{\partial \varPhi}{\partial r}, \quad w = \frac{\partial \varPhi}{\partial z}, \quad e = \frac{\partial^2 \varPhi}{\partial r^2} + \frac{1}{r}\frac{\partial \varPhi}{\partial r} + \frac{\partial^2 \varPhi}{\partial z^2} = \varDelta\varPhi. \quad \text{(VIII, 6)}$$

Mit diesen Werten erhalten die Gl. (VIII, 5) die Form

$$\varDelta\frac{\partial}{\partial r}\varPhi - \frac{1}{r^2}\frac{\partial \varPhi}{\partial r} + \frac{1}{1-2\mu}\frac{\partial}{\partial r}\varDelta\varPhi - \frac{2(1+\mu)}{1-2\mu}\alpha\frac{\partial T}{\partial r} = 0,$$

$$\varDelta\frac{\partial}{\partial z}\varPhi + \frac{1}{1-2\mu}\frac{\partial}{\partial z}\varDelta\varPhi - \frac{2(1+\mu)}{1-2\mu}\alpha\frac{\partial T}{\partial z} = 0.$$

Nun ist aber

$$\varDelta\frac{\partial}{\partial r}\varPhi - \frac{1}{r^2}\frac{\partial \varPhi}{\partial r} = \frac{\partial}{\partial r}\varDelta\varPhi, \qquad \varDelta\frac{\partial}{\partial z}\varPhi = \frac{\partial}{\partial z}\varDelta\varPhi$$

und daher

$$\frac{\partial}{\partial r}\varDelta\varPhi + \frac{1}{1-2\mu}\frac{\partial}{\partial r}\varDelta\varPhi - \frac{2(1+\mu)}{1-2\mu}\alpha\frac{\partial T}{\partial r} = 0,$$

$$\frac{\partial}{\partial z}\varDelta\varPhi + \frac{1}{1-2\mu}\frac{\partial}{\partial z}\varDelta\varPhi - \frac{2(1+\mu)}{1-2\mu}\alpha\frac{\partial T}{\partial z} = 0.$$

Integriert man die erste Gleichung über r oder die zweite über z, so erhält man für $\varPhi$ die Differentialgleichung

$$\varDelta\varPhi = \frac{1+\mu}{1-\mu}\alpha T. \qquad \text{(VIII, 7)}$$

Die thermisch-elastischen Gleichungen.

Diese Gleichung ist mit der Gl. (II, 13) identisch; es ist nur zu beachten, daß der LAPLACEsche Operator in Zylinderkoordinaten bei Achsensymmetrie, wie schon erwähnt, die Form

$$\Delta = \frac{\partial^2}{\partial r^2} + \frac{1}{r}\frac{\partial}{\partial r} + \frac{\partial^2}{\partial z^2}$$

annimmt.

Hat man eine partikulare Lösung der Differentialgleichung (VIII, 7) gefunden, so erhält man aus den Gl. (VIII, 6) die Dehnungen

$$\bar{\varepsilon}_{rr} = \frac{\partial^2 \Phi}{\partial r^2}, \quad \bar{\varepsilon}_{\varphi\varphi} = \frac{1}{r}\frac{\partial \Phi}{\partial r}, \quad \bar{\varepsilon}_{zz} = \frac{\partial^2 \Phi}{\partial z^2}, \quad \bar{\varepsilon}_{rz} = \frac{\partial^2 \Phi}{\partial r\, \partial z} \qquad (VIII, 8)$$

und wenn man diese Werte in die Gl. (VIII, 4) einsetzt, für die Spannungen

$$\left.\begin{array}{l} \bar{\sigma}_{rr} = 2G\left(\dfrac{\partial^2 \Phi}{\partial r^2} - \Delta\Phi\right), \quad \bar{\sigma}_{\varphi\varphi} = 2G\left(\dfrac{1}{r}\dfrac{\partial \Phi}{\partial r} - \Delta\Phi\right), \\[6pt] \bar{\sigma}_{zz} = 2G\left(\dfrac{\partial^2 \Phi}{\partial z^2} - \Delta\Phi\right), \quad \bar{\sigma}_{rz} = 2G\dfrac{\partial^2 \Phi}{\partial r\, \partial z}. \end{array}\right\} \qquad (VIII, 9)$$

Die so berechneten Spannungen werden aber, worauf bei der Verwendung des thermischen Verschiebungspotentials ja schon wiederholt hingewiesen wurde, die Randbedingungen des Problems im allgemeinen nicht erfüllen. Es ist dann noch eine solche Lösung der Gl. (VIII, 5) mit $T = 0$ zu überlagern, daß auch diese Bedingungen befriedigt sind.

Solche Lösungen kann man sich z. B. (in ähnlicher Weise wie mittels der AIRYschen Spannungsfunktion bei ebenen Problemen) mit Hilfe der LOVEschen *Verschiebungsfunktion* beschaffen. Es lassen sich nämlich, wie in der Elastizitätstheorie gezeigt wird[1], die Verschiebungen und damit natürlich auch die Spannungen eines axialsymmetrischen Spannungszustandes in einfacher Weise durch die Ableitungen einer einzigen Funktion L, eben der LOVEschen Verschiebungsfunktion, wie folgt darstellen:

$$\left.\begin{array}{l} \bar{\bar{u}} = -\dfrac{1}{1-2\mu}\dfrac{\partial^2 L}{\partial r\, \partial z}, \quad \bar{\bar{w}} = \dfrac{1}{1-2\mu}\left[2(1-\mu)\Delta L - \dfrac{\partial^2 L}{\partial z^2}\right], \\[6pt] \bar{\bar{e}} = \dfrac{\partial \Delta L}{\partial z}, \quad \bar{\bar{\sigma}}_{rr} = \dfrac{2G}{1-2\mu}\dfrac{\partial}{\partial z}\left(\mu \Delta L - \dfrac{\partial^2 L}{\partial r^2}\right), \\[6pt] \bar{\bar{\sigma}}_{\varphi\varphi} = \dfrac{2G}{1-2\mu}\dfrac{\partial}{\partial z}\left(\mu \Delta L - \dfrac{1}{r}\dfrac{\partial L}{\partial r}\right), \\[6pt] \bar{\bar{\sigma}}_{zz} = \dfrac{2G}{1-2\mu}\dfrac{\partial}{\partial z}\left[(2-\mu)\Delta L - \dfrac{\partial^2 L}{\partial z^2}\right], \\[6pt] \bar{\bar{\sigma}}_{rz} = \dfrac{2G}{1-2\mu}\dfrac{\partial}{\partial r}\left[(1-\mu)\Delta L - \dfrac{\partial^2 L}{\partial z^2}\right]. \end{array}\right\} \qquad (VIII, 10)$$

Man verifiziert die Formeln durch Einsetzen der Ausdrücke für $\bar{\bar{u}}$ und w in die beiden Grundgleichungen (VIII, 5) mit $T = 0$, wobei sich ergibt, daß L der Bipotentialgleichung

$$\Delta\Delta L = 0 \qquad (VIII, 11)$$

genügen muß.

---
[1] Siehe die auf S. 3 angegebenen Lehrbücher.

Ist L bestimmt, so ergeben sich die Gesamtspannungen aus $\sigma = \bar{\sigma} + \bar{\bar{\sigma}}$. Die Verschiebungen sind dabei stets eindeutig.

2. Wärmespannungen im Halbraum infolge einer Wärmequelle an der Oberfläche. Der Halbraum möge den Bereich $z \geqq 0$ erfüllen. Den Ursprung des Koordinatensystems legen wir in die punktförmig gedachte Wärmequelle (Abb. 24).

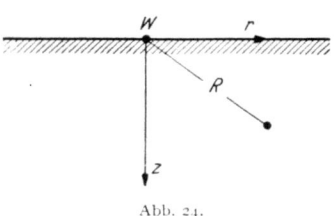

Abb. 24.

Das von einer solchen Wärmequelle in einem den *ganzen* Raum erfüllenden Körper hervorgerufene Temperaturfeld ist gegeben durch

$$T = \frac{W}{4\pi\lambda R}, \quad R = \sqrt{r^2 + z^2}. \qquad \text{(VIII, 12)}$$

Hierin ist W die Ergiebigkeit der Wärmequelle. Dieses Temperaturfeld gilt nun aber auch für den vorliegenden Fall des Halbraumes, wenn wir voraussetzen, daß dessen Oberfläche vollkommen wärmeisoliert ist. Denn wegen

$$\frac{\partial T}{\partial z} = -\frac{W}{4\pi\lambda}\frac{z}{R^3}$$

verschwindet der Temperaturgradient und damit der Wärmefluß in Richtung der Oberflächennormalen an der Oberfläche $z = 0$.

Zur Auffindung des Spannungszustandes benützen wir das thermische Verschiebungspotential und suchen eine Lösung der Gl. (VIII, 7), welche hier lautet:

$$\Delta\Phi = \frac{K}{R} \text{ mit } K = \frac{1+\mu}{1-\mu}\frac{\alpha W}{4\pi\lambda}. \qquad \text{(VIII, 13)}$$

Ein partikuläres Integral dieser Gleichung ist

$$\Phi = \frac{K}{2}R,$$

wie man mit $\dfrac{\partial R}{\partial z} = \dfrac{z}{R}$, $\dfrac{\partial R}{\partial r} = \dfrac{r}{R}$ leicht nachprüft. Die zu dieser Lösung gehörigen Spannungen sind gemäß Gl. (VIII, 9):

$$\bar{\sigma}_{rr} = GK\left(\frac{z^2}{R^3} - \frac{2}{R}\right), \quad \bar{\sigma}_{\varphi\varphi} = -\frac{GK}{R},$$
$$\bar{\sigma}_{zz} = GK\left(\frac{r^2}{R^3} - \frac{2}{R}\right), \quad \bar{\sigma}_{rz} = -GK\frac{rz}{R^3}. \qquad \text{(VIII, 14)}$$

Als Randbedingungen haben wir vorzuschreiben, daß die Spannungen σ_{zz} und σ_{rz} an der Oberfläche $z = 0$ und alle Spannungen für $R \to \infty$ verschwinden. Das Spannungsfeld $\bar{\sigma}$ erfüllt diese Bedingungen, wie man unmittelbar abliest, mit Ausnahme der Bedingung für σ_{zz} an der Oberfläche $z = 0$. Hier verbleiben die Normalspannungen

$$(\bar{\sigma}_{zz})_{z=0} = -\frac{GK}{r}.$$

Um auch diese Spannungen zum Verschwinden zu bringen, überlagern wir ein zweites temperaturfreies Spannungsfeld $\bar{\bar{\sigma}}$. Dieses Spannungsfeld

Wärmespannungen im Halbraum infolge einer Wärmequelle an der Oberfläche. 75

wollen wir mit Hilfe der LOVEschen Verschiebungsfunktion gewinnen (Abschn. VIII, 1), für die wir im vorliegenden Fall den nachstehenden Ansatz versuchen:

$$L = A\left[r^2 \log (R+z) + R z\right] + B\left[z^2 \log (R+z) - R z\right]$$

mit den vorläufig noch frei wählbaren Konstanten A und B.

Zuerst stellen wir die im folgenden benötigten Ableitungen dieser Funktion zusammen, wobei auch gleich nachgewiesen werden kann, daß tatsächlich $\Delta\Delta L = 0$ ist.

$$\frac{\partial L}{\partial r} = A \cdot r\left[1 + 2 \log (R+z)\right] - B\frac{r z}{R+z},$$

$$\frac{\partial L}{\partial z} = 2 A R + B\left[2 z \log (R+z) - R\right],$$

$$\frac{\partial^2 L}{\partial r^2} = A\left[3 - \frac{2 z}{R} + 2 \log (R+z)\right] + B z\left[\frac{1}{R+z} - \frac{1}{R}\right],$$

$$\frac{\partial^2 L}{\partial z^2} = A \frac{2 z}{R} + B\left[\frac{z}{R} + 2 \log (R+z)\right],$$

$$\frac{\partial^2 L}{\partial r \partial z} = A \frac{2 r}{R} + B r\left(\frac{1}{R} - \frac{2}{R+z}\right),$$

$$\Delta L = 4 A\left[1 + \log (R+z)\right] + 2 B \log (R+z).$$

Da $\log (R+z)$ eine Potentialfunktion ist, $\Delta \log (R+z) = 0$, so gilt in der Tat $\Delta\Delta L = 0$.

Damit ergeben die Gl. (VIII, 10) folgende Werte für die Spannungen:

$$\left.\begin{aligned}
\sigma_{rr} &= \frac{2 G}{1 - 2\mu} \cdot \frac{1}{R}\left\{\left(2\mu - \frac{z^2}{R^2}\right)(2 A + B) + \frac{2 B z}{R+z}\right\}, \\
\bar{\sigma}_{\varphi\varphi} &= \frac{2 G}{1 - 2\mu} \cdot \frac{1}{R}\left\{-(1 - 2\mu)(2 A + B) + \frac{2 B R}{R+z}\right\}, \\
\sigma_{zz} &= \frac{2 G}{1 - 2\mu} \cdot \frac{1}{R}\left\{\left(3 - 2\mu + \frac{z^2}{R^2}\right)(2 A + B) - 2 B\right\}, \\
\bar{\sigma}_{rz} &= \frac{2 G}{1 - 2\mu} \cdot \frac{r}{R}\left\{\left(\frac{2[1-\mu]}{R+z} + \frac{z}{R^2}\right)(2 A + B) - \frac{2 B}{R+z}\right\}.
\end{aligned}\right\} \quad \text{(VIII, 15)}$$

Die Integrationskonstanten A und B müssen so bestimmt werden, daß die resultierenden Spannungen $\sigma = \bar{\sigma} + \overline{\overline{\sigma}}$ die Randbedingungen erfüllen. Es müssen also alle Spannungen im Unendlichen verschwinden, und damit die Oberfläche $z = 0$ spannungsfrei ist, also

$$\sigma_{zz} = \bar{\sigma}_{zz} + \overline{\overline{\sigma}}_{zz} = 0 \quad \text{und} \quad \sigma_{rz} = \bar{\sigma}_{rz} + \overline{\overline{\sigma}}_{rz} = 0$$

muß wegen der Werte von $\bar{\sigma}_{zz}$ und $\bar{\sigma}_{rz}$ nach Gl. (VIII, 14) für $z = 0$

$$\overline{\overline{\sigma}}_{zz} = \frac{G K}{r}, \quad \overline{\overline{\sigma}}_{rz} = 0$$

sein. Die beiden letzten Gleichungen von (VIII, 15) ergeben damit für $2A + B$ und B die beiden Gleichungen

$$(3 - 2\mu)(2A + B) - 2B = (1 - 2\mu)\frac{K}{2},$$

$$2(1 - \mu)(2A + B) - 2B = 0$$

mit den Lösungen

$$2A + B = \frac{1-\mu}{2} K, \qquad B = \frac{(1-\mu)(1-2\mu)}{2} K.$$

Aus den Gl. (VIII, 15) erhält man mit diesen Werten von $(2A + B)$ und B

$$\left.\begin{aligned}\overline{\overline{\sigma}}_{rr} &= G K \frac{1}{R}\left\{2\frac{z + \mu R}{R + z} - \frac{z^2}{R^2}\right\}, \\ \overline{\overline{\sigma}}_{\varphi\varphi} &= G K \frac{1}{R(R+z)}\{R - (1 - 2\mu)z\}, \\ \overline{\overline{\sigma}}_{zz} &= G K \frac{1}{R}\left\{1 + \frac{z^2}{R^2}\right\}; \quad \overline{\overline{\sigma}}_{rz} = G K \frac{rz}{R^3}.\end{aligned}\right\} \quad \text{(VIII, 16)}$$

Die beiden Spannungsfelder $\overline{\sigma}$ und $\overline{\overline{\sigma}}$ sind jetzt noch zu überlagern. Es ergibt sich $\sigma = \overline{\sigma} + \overline{\overline{\sigma}}$

$$\left.\begin{aligned}\sigma_{rr} &= -2(1-\mu)\frac{GK}{R+z}, \\ \sigma_{\varphi\varphi} &= 2(1-\mu)GK\left(\frac{1}{R+z} - \frac{1}{R}\right), \\ \sigma_{zz} &= 0, \quad \sigma_{rz} = 0.\end{aligned}\right\} \quad \text{(VIII, 17)}$$

Der Vollständigkeit halber mögen noch die Verschiebungen u in radialer und w in axialer Richtung berechnet werden. Für sie gilt

$$\left.\begin{aligned}u &= \frac{\partial \Phi}{\partial r} - \frac{1}{1-2\mu}\frac{\partial^2 L}{\partial r \partial z} = (1-\mu)K\frac{r}{R+z}, \\ w &= \frac{\partial \Phi}{\partial z} + \frac{1}{1-2\mu}\left[2(1-\mu)\Delta L - \frac{\partial^2 L}{\partial z^2}\right] = \\ &= (1-\mu)K\log(R+z).\end{aligned}\right\} \quad \text{(VIII, 18)}$$

Man sieht, daß die Verschiebung u im Unendlichen beschränkt bleibt, während die Verschiebung w dort über alle Grenzen wächst. Am Ort der Wärmequelle sind beide Verschiebungen singulär.

Durch Differentiation der gewonnenen Ausdrücke nach z erhält man (wegen der Vertauschbarkeit der Operatoren $\frac{\partial}{\partial z}$ und Δ) das Spannungs- und Verschiebungsfeld im Halbraum unter der Einwirkung eines im Ursprung befindlichen *Wärmedipols*, dessen Achse mit der z-Achse zusammenfällt.

3. **Wärmespannungen in einem von einer Flüssigkeit durchströmten Rohr.** In ein unendlich langes, dickwandiges Rohr mit dem Innendurchmesser a und dem Außendurchmesser b strömt an der Stelle $z = 0$,

Abb. 25, eine Flüssigkeit mit der Eintrittstemperatur ϑ ein. Diese Flüssigkeit gibt beim Durchfließen des Rohres Wärme an die Rohrinnenwand ab, wobei sie sich abkühlt.

Betrachtet man ein Rohrstück von der Länge dz, so strömt dort in der Zeiteinheit die Flüssigkeitsmenge $\gamma_f \, a^2 \pi \, V$ vorüber. γ_f ist das spezifische Gewicht der Flüssigkeit, V die konstante Strömungsgeschwindigkeit (inkompressible Flüssigkeit). Diese Flüssigkeitsmenge kühlt sich auf dem Wegstück dz um die Temperatur $\dfrac{d\theta}{dz} dz$ ab, wenn $\theta(z)$ die Flüssigkeitstemperatur bedeutet. Dabei wird an die Rohrinnenwand die Wärmemenge

$$dq = \gamma_f \, a^2 \pi \, V \, c_f \, \frac{d\theta}{dz} dz$$

abgegeben. c_f ist die auf die Gewichtseinheit bezogene spezifische Wärme der Flüssigkeit.

Diese Wärmemenge wird nun von der Rohrwand in das Rohrinnere weitergeleitet. Sie muß daher gemäß Gl. (I, 4) auch sein

$$dq = \lambda \left(\frac{\partial T}{\partial r}\right)_{r=a} \cdot 2 \, a \, \pi \, dz.$$

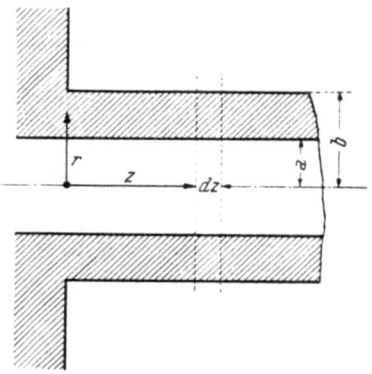

Abb. 25.

$T(r, z)$ ist die Rohrtemperatur. Es ist hier das positive Vorzeichen einzuführen, da $\dfrac{\partial T}{\partial r}$ der positiven (nämlich von der Oberfläche nach außen gerichteten) Normalen entgegengesetzt ist.

Gleichsetzen der beiden Ausdrücke für dq liefert

$$\frac{2\lambda}{a \gamma_f c_f V} \left(\frac{\partial T}{\partial r}\right)_{r=a} = \frac{d\theta}{dz}. \qquad \text{(VIII, 19)}$$

Im Rohr gilt die Wärmeleitungsgleichung für stationäre Temperaturverteilung

$$\Delta T = \frac{\partial^2 T}{\partial r^2} + \frac{1}{r} \frac{\partial T}{\partial r} + \frac{\partial^2 T}{\partial z^2} = 0. \qquad \text{(VIII, 20)}$$

Hiezu kommen noch die Wärmeübergangsbedingungen an der Rohrinnen- und -außenwand. Wir wollen der Einfachheit halber annehmen, daß das Rohr innen und außen die Temperatur des umgebenden Mediums aufweist (wobei die Temperatur der umgebenden Luft konstant und gleich Null angenommen werde), daß also

$$T = \theta \quad \text{in} \quad r = a,$$

oder in Verbindung mit (VIII, 19)

$$\frac{2\lambda}{a \gamma_f c_f V} \cdot \left(\frac{\partial T}{\partial r}\right)_{r=a} = \frac{\partial T}{\partial z} \quad \text{in } r = a \qquad \text{(VIII, 21)}$$

und

$$T = 0 \quad \text{in} \quad r = b.$$

Diese Annahme trifft bei sehr großen Wärmeübergangszahlen zu, und man kann erwarten, daß die zugehörige Spannungsverteilung wegen der schrofferen Temperaturunterschiede ungünstiger ist, als es der Wirklichkeit entspricht, so daß man sich in dieser Hinsicht auf der sicheren Seite befindet.

Dort, wo das Rohr an den Flüssigkeitsbehälter anschließt, also in $z = 0$, sei die Rohrtemperatur vorgegeben:

$$T = \vartheta \cdot f(r) \quad \text{in} \quad z = 0, \qquad (\text{VIII, 22})$$

wobei $f(a) = 1$, $f(b) = 0$.

Wir verwenden als Lösung der Gl. (VIII, 20) ein partikulares Integral von der Form

$$T = RZ,$$

wobei R nur von r, Z nur von z abhängen soll. Damit nimmt die Gl. (VIII, 20) nach Division durch RZ die Form an

$$\frac{1}{R}\left(\frac{d^2R}{dr^2} + \frac{1}{r}\frac{dR}{dr}\right) + \frac{1}{Z} \cdot \frac{d^2Z}{dz^2} = 0,$$

und dies ist nur möglich, wenn R der gewöhnlichen Differentialgleichung

$$\frac{d^2R}{dr^2} + \frac{1}{r} \cdot \frac{dR}{dr} = -\omega^2 R$$

und Z

$$\frac{d^2Z}{dz^2} = \omega^2 Z$$

genügt, wobei ω eine beliebige Größe bedeutet, die wir in unserem Falle zweckmäßig als reell annehmen wollen.

Die allgemeine Lösung der vorstehenden gewöhnlichen Differentialgleichungen ist bekannt; sie lautet für R

$$R = A\,J_0(\omega r) + B\,N_0(\omega r)$$

und für Z

$$Z = C\,e^{\omega z} + D\,e^{-\omega z}.$$

$J_0(\omega r)$ und $N_0(\omega r)$ bedeuten die Zylinderfunktionen der Ordnung Null mit reellem Argument, die als BESSELsche bzw. NEUMANNsche Funktionen bekannt sind.

Wir erhalten sonach ein partikulares Integral der Gl. (VIII, 20)

$$T = A\,[k_1\,J_0(\omega r) + k_2\,N_0(\omega r)] \cdot e^{-\omega z},$$

wobei wir uns in dem Ausdruck für Z auf die negative e-Potenz beschränkt haben, weil mit wachsendem z die Temperatur T und damit auch Z abnehmen und für $z \to \infty$ verschwinden muß. Wählen wir $k_1 = 1/J_0(\omega b)$ und $k_2 = -1/N_0(\omega b)$, so genügt der Ausdruck

$$T = A\left[\frac{J_0(\omega r)}{J_0(\omega b)} - \frac{N_0(\omega r)}{N_0(\omega b)}\right]e^{-\omega z} = A\,U_0(\omega r)\,e^{-\omega z}, \qquad (\text{VIII, 23})$$

bereits der Randbedingung (VIII, 21), nämlich $T = 0$ für $r = b$. Wir haben hierbei zur Abkürzung

$$U_0(\omega\, r) = \frac{J_0(\omega\, r)}{J_0(\omega\, b)} - \frac{N_0(\omega\, r)}{N_0(\omega\, b)} \qquad \text{(VIII, 24)}$$

gesetzt. Ferner ist

$$\frac{dU_0(\omega\, r)}{dr} = -\omega \left[\frac{J_1(\omega\, r)}{J_0(\omega\, b)} - \frac{N_1(\omega\, r)}{N_0(\omega\, b)} \right] = -\omega\, U_1(\omega\, r). \qquad \text{(VIII, 25)}$$

$J_1(\omega\, r)$ und $N_1(\omega\, r)$ sind die Zylinderfunktionen von der Ordnung 1.

U_0 genügt derselben Differentialgleichung wie R, also jener der Zylinderfunktionen von der Ordnung 0 und U_1 jener der Zylinderfunktionen von der Ordnung 1, also

$$\left.\begin{array}{l} \dfrac{d^2 U_0}{dr^2} + \dfrac{1}{r} \cdot \dfrac{dU_0}{dr} + \omega^2\, U_0 = 0, \\[6pt] \dfrac{d^2 U_1}{dr^2} + \dfrac{1}{r} \cdot \dfrac{dU_1}{dr} + \left(\omega^2 - \dfrac{1}{r^2}\right) U_1 = 0, \end{array}\right\} \qquad \text{(VIII, 26)}$$

während zwischen U_0 und U_1 die Beziehung

$$\frac{dU_1}{dr} + \frac{U_1}{r} = \omega\, U_0 \qquad \text{(VIII, 27)}$$

besteht.

Die erste Randbedingung (VIII, 21) liefert

$$-\frac{2\,\lambda}{a\,\gamma_f\,c_f\,V}\, A\, U_1(\omega\, a)\, e^{-\omega z} = -A\, U_0(\omega\, a)\, e^{-\omega z}$$

oder

$$H\, U_1(\omega\, a) = U_0(\omega\, a) \qquad \text{(VIII, 28)}$$

mit

$$H = \frac{2\,\lambda}{a\,\gamma_f\,c_f\,V}$$

und dies verlangt, daß für ω eine der unendlich vielen Wurzeln $\omega_1, \omega_2, \omega_3, \ldots$ dieser transzendenten Gl. (VIII, 28) gewählt wird. Die Berechnung dieser Wurzeln ist am Schlusse dieses Abschnittes angegeben.

Um schließlich noch die letzte Bedingung (VIII, 22) zu erfüllen, beschaffen wir uns aus (VIII, 23) eine allgemeinere Lösung

$$T = \vartheta \cdot \sum_{n=1}^{\infty} A_n\, U_0(\omega_n\, r)\, e^{-\omega_n z}. \qquad \text{(VIII, 29)}$$

Die Wurzeln ω_n seien hierin nach wachsender Größe geordnet. Die Randbedingung (VIII, 22) verlangt dann

$$f(r) = \sum_{n=1}^{\infty} A_n\, U_0(\omega_n\, r). \qquad \text{(VIII, 30)}$$

Wegen der im folgenden auftretenden Integrale erweist es sich als vorteilhafter, an Stelle der Entwicklung (VIII, 30) von der Entwicklung

$$\sqrt{r}\, f(r) = \sum_{n=1}^{\infty} A_n\, \sqrt{r}\, U_0(\omega_n\, r) \qquad \text{(VIII, 31)}$$

bestimmt man

$$S_{nn} = \frac{1}{2} \cdot \{b^2 \, U_1^2(\omega_n \, b) - (1 + H^2) \, a^2 \, U_1^2(\omega_n \, a)\},$$

$$S_{mn} = -\frac{a}{H} \frac{U_0(\omega_m \, a) \, U_0(\omega_n \, a)}{\omega_m + \omega_n} = -\frac{a \, U_0(\omega_m \, a) \, U_1(\omega_n \, a)}{\omega_m + \omega_n},$$

$$(m \neq n).$$

(VIII, 33)

Hierbei ist von den Randbedingungen (VIII, 28)

$$H \, U_1(\omega_n \, a) = U_0(\omega_n \, a)$$

und von (VIII, 21)

$$U_0(\omega_n \, b) = 0$$

Gebrauch gemacht worden.

Das Gleichungssystem (VIII, 32) bleibt auch noch sinnvoll, wenn man die Zahl der Gleichungen ins unendliche wachsen läßt, d. h. es konvergiert für $h \to \infty$.

Mit den Koeffizienten A_n ist die Temperaturverteilung gemäß Gl. (VIII, 29) bekannt, und man kann nunmehr an die Berechnung der Spannungen herangehen.

Der Spannungszustand bei spannungsfreien Mantelflächen des Rohres hat folgenden Randbedingungen zu genügen:

$$\sigma_{rr} = \sigma_{rz} = 0 \quad \text{in} \quad r = a \quad \text{und} \quad r = b. \quad \text{(VIII, 34)}$$

Wie immer, gehen wir zunächst vom thermischen Verschiebungspotential Φ aus, welches der Gleichung

$$\Delta \Phi = \frac{1+\mu}{1-\mu} \alpha \, T = \frac{1+\mu}{1-\mu} \alpha \, \vartheta \sum_{n=1}^{\infty} A_n \, U_0(\omega_n \, r) \, e^{-\omega_n z} \quad \text{(VIII, 35)}$$

genügen muß und setzen eine partikulare Lösung in der Form an

$$\Phi = \vartheta \, r \sum_{n=1}^{\infty} C_n \, U_1(\omega_n \, r) \, e^{-\omega_n z}. \quad \text{(VIII, 36)}$$

Mit Benützung der Gl. (VIII, 24) und (VIII, 25) sowie (VIII, 26) erhalten wir

$$\frac{1}{r} \frac{\partial \Phi}{\partial r} = \vartheta \sum_{n=1}^{\infty} C_n \, \omega_n \, U_0(\omega_n \, r) \, e^{-\omega_n z},$$

$$\frac{\partial^2 \Phi}{\partial r^2} = \vartheta \sum_{n=1}^{\infty} C_n \, \omega_n \, [U_0(\omega_n \, r) - \omega_n \, r \, U_1(\omega_n \, r)] \, e^{-\omega_n z},$$

$$\frac{\partial^2 \Phi}{\partial z^2} = \vartheta \sum_{n=1}^{\infty} C_n \, \omega_n^2 \, r \, U_1(\omega_n \, r) \, e^{-\omega_n z},$$

$$\frac{\partial^2 \Phi}{\partial r \, \partial z} = -\vartheta \sum_{n=1}^{\infty} C_n \, \omega_n^2 \, r \, U_0(\omega_n \, r) \, e^{-\omega_n z}$$

(VIII, 37)

und damit

$$\Delta \Phi = 2 \, \vartheta \sum_{n=1}^{\infty} C_n \, \omega_n \, U_0(\omega_n \, r) \, e^{-\omega_n z}.$$

auszugehen. Voraussetzung ist, daß diese Entwicklung überhaupt möglich ist, d. h. die Reihe (VIII, 30) konvergiert; wir verzichten aber auf eine Untersuchung, welchen Bedingungen $\sqrt{r}f(r)$ genügen muß, damit dies der Fall ist; für praktisch in Frage kommende Funktionen trifft dies sicherlich zu.

Die Ermittlung der Koeffizienten A_n nehmen wir in der Weise vor, daß wir den Fehler F, d. i. die Abweichung der Reihe (VIII, 31) von dem richtigen Wert $\sqrt{r} \cdot f(r)$, zu einem Minimum machen. Brechen wir die Reihe mit dem h-ten Glied ab, so muß also nach der Methode der kleinsten Quadrate

$$F = \int_a^b \sum_{n=1}^{h} [A_n U_0(\omega_n r) - f(r)]^2 \, r \, dr \to \text{Min.}$$

werden. Dies ist der Fall, wenn für jedes n

$$\frac{\partial F}{\partial A_n} = 0 \quad (n = 1, 2, \ldots, h)$$

ist; für F der vorstehende Wert eingesetzt, ergibt

$$\int_a^b \sum_{m=1}^{h} [A_m U_0(\omega_m r) - f(r)] \, U_0(\omega_n r) \cdot r \, dr = 0,$$

oder mit Vertauschung von Integration und Summation

$$\sum_{m=1}^{h} S_{mn} \cdot A_m = M_n \quad (n = 1, 2, \ldots, h), \qquad \text{(VIII, 32)}$$

wobei

$$S_{mn} = \int_a^b U_0(\omega_m r) \cdot U_0(\omega_n r) \, r \, dr,$$

$$M_n = \int_a^b U_0(\omega_n r) \, f(r) \, r \, dr$$

bedeutet.

(VIII, 32) stellt ein System von h linearen Gleichungen mit ebensoviel Unbekannten A_n vor und dient zur Berechnung der A_n. Mit Hilfe der unbestimmten Integrale, die man durch Differentiation leicht bestätigt findet,

$$\int U_0^2(\omega_n r) \, r \, dr = \frac{r^2}{2} \cdot [U_0^2(\omega_n r) + U_1^2(\omega_n r)],$$

$$\int U_0(\omega_n r) \, U_0(\omega_m r) \, r \, dr = -\frac{r}{\omega_m^2 - \omega_n^2} [\omega_n U_0(\omega_m r) U_1(\omega_n r) -$$

$$- \omega_m U_0(\omega_n r) U_1(\omega_m r)],$$

$$(m \neq n)$$

Wärmespannungen in Umdrehungskörpern.

Der Vergleich mit dem Ausdruck für Φ nach Gl. (VIII, 35) ergibt für C_n

$$C_n = \frac{1+\mu}{1-\mu} \frac{\alpha}{2} \frac{A_n}{\omega_n}. \qquad \text{(VIII, 38)}$$

Mit den Werten der Gl. (VIII, 37) und (VIII, 38) ergeben die Gl. (VIII, 9) für die Spannungen, wenn

$$K = \frac{1+\mu}{1-\mu} \alpha\, G\, \vartheta,$$

$$\left.\begin{aligned}
\bar{\sigma}_{rr} &= - K \sum A_n \left[\omega_n r\, U_1(\omega_n r) + U_0(\omega_n r) \right] e^{-\omega_n z}, \\
\bar{\sigma}_{\varphi\varphi} &= - K \sum A_n \cdot U_0(\omega_n r)\, e^{-\omega_n z}, \\
\bar{\sigma}_{zz} &= - K \sum A_n \left[-\omega_n r\, U_1(\omega_n r) + 2\, U_0(\omega_n r) \right] e^{-\omega_n z}, \\
\bar{\sigma}_{rz} &= - K \sum A_n\, \omega_n r\, U_0(\omega_n r)\, e^{-\omega_n z}.
\end{aligned}\right\} \quad \text{(VIII, 39)}$$

Wie zu erwarten, erfüllt dieses Spannungssystem noch nicht die Randbedingungen (VIII, 34), sondern ergibt die nachstehenden Randspannungen bei Berücksichtigung der Randwerte (VIII, 24) und (VIII, 28):

$$\left.\begin{aligned}
\text{in } r = a \quad (\bar{\sigma}_{rr})_a &= - K \sum_{n=1}^{\infty} A_n \left(1 + \frac{\omega_n a}{H} \right) U_0(\omega_n a)\, e^{-\omega_n z}, \\
(\bar{\sigma}_{rz})_a &= - K \sum_{n=1}^{\infty} A_n\, \omega_n a\, U_0(\omega_n a)\, e^{-\omega_n z}, \\
\text{in } r = b \quad (\bar{\sigma}_{rr})_b &= - K \sum_{n=1}^{\infty} A_n\, \omega_n b\, U_1(\omega_n b)\, e^{-\omega_n z}, \\
(\bar{\sigma}_{rz})_b &= 0.
\end{aligned}\right\} \quad \text{(VIII, 40)}$$

Man muß daher noch einen zweiten temperaturfreien Spannungszustand überlagern, der diese Randspannungen zum Verschwinden bringt. Diesen zweiten Spannungszustand gewinnen wir mit Hilfe der LOVEschen Verschiebungsfunktion L, die wir aus Bipotentialfunktionen in der nachfolgenden Weise mit zunächst beliebigen Konstanten p_n, s_n, q_n und t_n bilden:

$$L = \sum_{n=1}^{\infty} [p_n J_0 + q_n r J_1 + s_n N_0 + t_n r N_1]\, e^{-\omega_n z}. \qquad \text{(VIII, 41)}$$

Hierbei wurde das Argument $\omega_n r$ bei den Zylinderfunktionen J und N der Kürze halber weggelassen.

Diese Verschiebungsfunktion besitzt die Ableitungen:

$$\frac{\partial L}{\partial r} = \sum_{n=1}^{\infty} \left[-p_n \omega_n J_1 + q_n \left(J_1 + r \frac{\partial J_1}{\partial r} \right) - s_n \omega_n N_1 + \right.$$
$$\left. + t_n \left(N_1 + r \frac{\partial N_1}{\partial r} \right) \right] e^{-\omega_n z},$$

$$\frac{\partial^2 L}{\partial r^2} = \sum_{n=1}^{\infty} \omega_n \left[-p_n \frac{\partial J_1}{\partial r} + q_n (-r \omega_n J_1 + J_0) - s_n \frac{\partial N_1}{\partial r} + \right.$$
$$\left. + t_n (r \omega_n N_1 + N_0) \right] e^{-\omega_n z},$$

$$\frac{\partial^2 L}{\partial z^2} = \sum_{n=1}^{\infty} \omega_n^2\, (p_n J_0 + q_n r J_1 + s_n N_0 + t_n r N_1)\, e^{-\omega_n z}$$

und hieraus ergeben sich nach den Gl. (VIII, 10) mit Benützung der Gl. (VIII, 25), (VIII, 26) und (VIII, 27) die Spannungen

$$\sigma_{rr} = \frac{2G}{1-2\mu} \sum_{n=1}^{\infty} \omega_n^2 \Big\{ [(1-2\mu) q_n - \omega_n p_n] J_0 + \Big(\frac{p_n}{r} - \omega_n r q_n\Big) J_1 +$$
$$+ [(1-2\mu) t_n - \omega_n s_n] N_0 + \Big(\frac{s_n}{r} - \omega_n r t_n\Big) N_1 \Big\} e^{-\omega_n z},$$

$$\sigma_{\varphi\varphi} = \frac{2G}{1-2\mu} \sum_{n=1}^{\infty} \omega_n^2 \Big[(1-2\mu) q_n J_0 - \frac{p_n}{r} J_1 +$$
$$+ (1-2\mu) t_n N_0 - \frac{s_n}{r} N_1 \Big] \cdot e^{-\omega_n z},$$

$$\sigma_{zz} = \frac{2G}{1-2\mu} \sum_{n=1}^{\infty} \omega_n^2 \{ -[2(2-\mu) q_n + \omega_n p_n] J_0 + \omega_n r q_n J_1 -$$
$$- [2(2-\mu) t_n + \omega_n s_n] N_0 + \omega_n r t_n N_1 \} e^{-\omega_n z},$$

$$\sigma_{rz} = \frac{2G}{1-2\mu} \sum_{n=1}^{\infty} \omega_n^2 \{ -\omega_n r q_n J_0 + [\omega_n p_n - 2(1-\mu) q_n] J_1 -$$
$$- \omega_n r t_n N_0 + [\omega_n s_n - 2(1-\mu) t_n] N_1 \} e^{-\omega_n z}.$$

(VIII, 42)

Setzt man jetzt für die resultierende Spannung σ die Randbedingungen in $r=a$ und $r=b$ an:

$$\sigma_{rr} = \bar{\sigma}_{rr} + \bar{\bar{\sigma}}_{rr} = 0, \qquad \sigma_{rz} = \bar{\sigma}_{rz} + \bar{\bar{\sigma}}_{rz} = 0,$$

so ergeben sich die vier nachstehenden Gleichungen für die vier Koeffizienten p_n, s_n, q_n und t_n

$$\Big[\frac{J_1(\omega_n a)}{a} - \omega_n J_0(\omega_n a) \Big] p_n + [(1-2\mu) J_0(\omega_n a) - \omega_n a J_1(\omega_n a)] q_n +$$
$$+ \Big[\frac{N_1(\omega_n a)}{a} - \omega_n N_0(\omega_n a) \Big] s_n + [(1-2\mu) N_0(\omega_n a) - \omega_n a N_1(\omega_n a)] t_n =$$
$$= \frac{1-2\mu}{2} \frac{K}{G} \Big(1 + \frac{\omega_n a}{H} \Big) \cdot \frac{U_0(\omega_n a)}{\omega_n^2} \cdot A_n =$$
$$= \frac{1-2\mu}{2} \frac{K}{G} (H + \omega_n a) \frac{U_1(\omega_n a)}{\omega_n^2} \cdot A_n,$$

$$\Big[\frac{J_1(\omega_n b)}{b} - \omega_n J_0(\omega_n b) \Big] p_n + [(1-2\mu) J_0(\omega_n b) - \omega_n b J_1(\omega_n b)] q_n +$$
$$+ \Big[\frac{N_1(\omega_n b)}{b} - \omega_n N_0(\omega_n b) \Big] s_n + [(1-2\mu) N_0(\omega_n b) - \omega_n b N_1(\omega_n b)] t_n =$$
$$= \frac{1-2\mu}{2} \frac{K}{G} \frac{b}{\omega_n} U_1(\omega_n b) \cdot A_n,$$

$$\omega_n J_1(\omega_n a) p_n - [2(1-\mu) J_1(\omega_n a) + \omega_n a J_0(\omega_n a)] q_n +$$
$$+ \omega_n N_1(\omega_n a) s_n - [2(1-\mu) N_1(\omega_n a) + \omega_n a N_0(\omega_n a)] t_n =$$
$$= \frac{1-2\mu}{2} \frac{K}{G} \frac{a}{\omega_n} U_0(\omega_n a) A_n,$$

Wärmespannungen in Umdrehungskörpern.

$$\omega_n J_1(\omega_n b) p_n - [2(1-\mu) J_1(\omega_n b) + \omega_n b J_0(\omega_n b)] q_n +$$
$$\omega_n N_1(\omega_n b) s_n - [2(1-\mu) N_1(\omega_n b) + \omega_n b N_0(\omega_n b)] t_n = 0$$
$$(n = 1, 2, 3, \ldots).$$

(VIII, 43)

Nach Auflösung dieses Gleichungssystems mit den vier Unbekannten p_n, q_n, s_n und t_n, die für jeden Wert von n durchgeführt werden muß, erhält man die resultierenden Spannungen durch Überlagerung der beiden Spannungssysteme Gl. (VIII, 39) und (VIII, 42). Für $z \to \infty$ verschwinden alle Spannungskomponenten; dies entspricht einem unbelasteten Rohrende. Für $z = 0$ ergibt sich ein Gleichgewichtssystem von von Spannungen, das im allgemeinen von dem tatsächlich dort herrschenden Spannungssystem verschieden sein wird. Nach dem SAINT-VENANTschen Prinzip ist dies jedoch ohne Einfluß auf die Spannungen in den entfernter liegenden Rohrteilen.

Bei der Berechnung der Wurzeln von Gl. (VIII, 24), den sogenannten Eigenwerten des Problems, kann man sich zweckmäßig den Umstand zunutze machen, daß die dimensionslose Konstante H, Gl. (VIII, 28), eine gegenüber Eins sehr kleine Größe ist. Hiervon überzeugt man sich leicht mit Hilfe der am Schlusse des Buches gegebenen Zahlenwerte für die Wärmeleitfähigkeit λ, indem man als strömende Flüssigkeit etwa Wasser mit $\gamma_f = 10^{-3}$ kg/cm^3, $c_f = 1$ kcal/kg, C annimmt und die Geschwindigkeit $V \geq 1$ m/sec $= 3,6 \cdot 10^5$ cm/h einsetzt.

Es liegt dann nahe, die gesuchten Eigenwerte ω_n in Form einer Potenzreihe in H anzusetzen:

$$\left. \begin{array}{l} \omega_n a = \beta_n + H \gamma_n + \ldots \\ \omega_n b = k \omega_n a = k \beta_n + k H \gamma_n + \ldots \end{array} \right\} \quad \text{(VIII, 44)}$$

mit
$$k = \frac{b}{a} \quad \text{(VIII, 45)}$$

als Durchmesserverhältnis. Trägt man jetzt die Reihen (VIII, 44) in die Gl. (VIII, 28) ein und entwickelt in Taylorreihen, so erhält man

$$H \{[J_0'(\beta_n) + H \gamma_n J_0''(\beta_n) + \ldots] [N_0(k \beta_n) + k H \gamma_n N_0'(k \beta_n) + \ldots] -$$
$$- [N_0'(\beta_n) + H \gamma_n N_0''(\beta_n) + \ldots] [J_0(k \beta_n) + k H \gamma_n J_0'(k \beta_n) + \ldots]\} +$$
$$+ [J_0(\beta_n) + H \gamma_n J_0'(\beta_n) + \ldots] [N_0(k \beta_n) + k H \gamma_n N_0'(k \beta_n) + \ldots] -$$
$$- [N_0(\beta_n) + H \gamma_n N_0'(\beta_n) + \ldots] [J_0(k \beta_n) + k H \gamma_n J_0'(k \beta_n) + \ldots] = 0.$$

Diese Gleichung muß identisch in H erfüllt sein. Wir ordnen daher nach steigenden Potenzen von H und setzen deren Koeffizienten Null. Dies liefert für das von H unabhängige Glied

$$J_0(\beta_n) N_0(k \beta_n) - N_0(\beta_n) J_0(k \beta_n) = 0 \quad \text{(VIII, 46)}$$

als Bestimmungsgleichung für β_n. Die Wurzeln dieser Gleichung sind bekannt[1].

---
[1] Siehe Funktionentafeln von JAHNKE-EMDE.

Nullsetzen des Koeffizienten von H gibt

$$\gamma_n \{J_1(\beta_n) N_0(k\beta_n) - N_1(\beta_n) J_0(k\beta_n) + k [J_0(\beta_n) N_1(k\beta_n) - N_0(\beta_n) J_1(k\beta_n)]\} + J_1(\beta_n) N_0(k\beta_n) - N_1(\beta_n) J_0(k\beta_n) = 0$$

als Bestimmungsgleichung für γ_n. Der Ausdruck kann noch beträchtlich vereinfacht werden. Es ist

$$J_1(\beta_n) N_0(k\beta_n) - N_1(\beta_n) J_0(k\beta_n) = \left[\frac{N_0(k\beta_n)}{J_0(k\beta_n)} - \frac{N_1(\beta_n)}{J_1(\beta_n)}\right] J_0(k\beta_n) J_1(\beta_n) =$$

$$= \left[\frac{N_0(\beta_n)}{J_0(\beta_n)} - \frac{N_1(\beta_n)}{J_1(\beta_n)}\right] J_0(k\beta_n) J_1(\beta_n) = \frac{2}{\pi \beta_n} \frac{J_0(k\beta_n)}{J_0(\beta_n)}.$$

Ebenso

$$J_0(\beta_n) N_1(k\beta_n) - N_0(\beta_n) J_1(k\beta_n) = -\frac{2}{\pi \beta_n} \frac{J_0(\beta_n)}{J_0(k\beta_n)}.$$

Somit erhält man

$$\gamma_n = \frac{1}{\left(\frac{J_0(\beta_n)}{J_0(k\beta_n)}\right)^2 - 1}. \qquad (VIII, 47)$$

Mit β_n und γ_n sind gemäß Gl. (VIII, 44) die Eigenwerte ω_n bestimmt.

Mit Hilfe der asymptotischen Formeln für die Besselfunktionen läßt sich der folgende asymptotische Ausdruck für γ_n ableiten, der für $k \to 1$ und $n \to \infty$ gilt

$$\gamma_n \approx \frac{1}{k - 1}.$$

4. Wärmespannungen in einem dickwandigen Rohr, dessen Mantelflächen auf gegebenen Temperaturen gehalten werden. Wir bezeichnen den Radius der inneren Mantelfläche mit $r = a$, jenen der äußeren mit $r = b$; die Z-Achse fällt mit der Rohrachse zusammen. Die Temperatur sei längs der Z-Richtung veränderlich und an der Innenfläche mit

$$T(a, z) = p \cos mz,$$

an der Außenfläche mit

$$T(b, z) = q \cos mz$$

gegeben. Als Lösung der Gl. (VIII, 20) verwenden wir wie in Abschn. VIII, 3 ein partikulares Integral von der Form

$$T = R \cdot Z,$$

ersetzen aber zweckmäßig ω durch $i \cdot m$, so daß R der gewöhnlichen Differentialgleichung

$$\frac{d^2 R}{dr^2} + \frac{1}{r} \frac{dR}{dr} - m^2 R = 0$$

und Z

$$\frac{d^2 Z}{dz^2} + m^2 Z = 0$$

genügt. Die Lösung der Differentialgleichung für R haben wir bereits im Abschn. VI [vgl. die Gl. (VI, 37), und (VI, 38)] benützt. Die Lösung der Gleichung für Z lautet

$$Z = A \cos m z + B \sin m z,$$

und damit ist

$$T(r, z) = \{A_1 I_0(m r) + A_2 K_0(m r)\} \cos m z \qquad (VIII, 48)$$

ein partikulares Integral; es ist allgemein genug, um die vorgeschriebenen Oberflächenwerte für T zu befriedigen. Denn diese ergeben für die innere Mantelfläche $r = a$ und für die äußere $r = b$

$$T(a, z) = p \cos m z = \{A_1 I_0(m\,a) + A_2 K_0(m\,a)\} \cos m z,$$
$$T(b, z) = q \cos m z = \{A_1 I_0(m\,b) + A_2 K_0(m\,b)\} \cos m z.$$

Die Integrationskonstanten A_1 und A_2 sind daher aus den beiden Gleichungen

$$\left. \begin{array}{l} A_1 I_0(m\,a) + A_2 K_0(m\,a) = p \\ A_1 I_0(m\,b) + A_2 K_0(m\,b) = q, \end{array} \right\} \quad \text{(VIII, 49)}$$

zu bestimmen.

Für das thermisch-elastische Verschiebungspotential Φ, welches der Differentialgleichung (II, 13) genügen muß

$$\Delta\Phi = \frac{1+\mu}{1-\mu}\,\alpha\,T(r,z) = \frac{1+\mu}{1-\mu}\,\alpha\,\{A_1 I_0(m\,r) + A_2 K_0(m\,r)\} \cos m z$$

verwenden wir die partikulare Lösung dieser Gleichung

$$\Phi = \frac{1+\mu}{1-\mu}\,\frac{\alpha}{2\,m^2}\,\{A_1 I_1(m\,r) - A_2 K_1(m\,r)\}\,m\,r \cos m z.$$

Daß dieser Ausdruck die Differentialgleichung für Φ befriedigt, ist mittels der folgenden Ableitungen, welche wir zur Bestimmung der Spannungen benützen werden, leicht einzusehen. Es ist nämlich

$$\left. \begin{array}{l} \dfrac{dI_0(m\,r)}{dr} = m\,I_1(m\,r), \qquad \dfrac{dK_0(m\,r)}{dr} = -m\,K_1(m\,r), \\[4pt] \dfrac{d^2 I_0(m\,r)}{dr^2} = m^2 \left[I_0(m\,r) - \dfrac{I_1(m\,r)}{m\,r} \right], \\[4pt] \dfrac{d^2 K_0(m\,r)}{dr^2} = m^2 \left[K_0(m\,r) + \dfrac{K_1(m\,r)}{m\,r} \right], \\[4pt] \dfrac{d\,m\,r\,I_1(m\,r)}{dr} = m^2\,r\,I_0(m\,r), \\[4pt] \dfrac{d\,m\,r\,K_1(m\,r)}{dr} = -m^2\,r\,K_0(m\,r), \\[4pt] \dfrac{d^2 m\,r\,I_1(m\,r)}{dr^2} = m^2\,[I_0(m\,r) + m\,r\,I_1(m\,r)], \\[4pt] \dfrac{d^2 m\,r\,K_1(m\,r)}{dr^2} = m^2\,[-K_0(m\,r) + m\,r\,K_1(m\,r)], \\[4pt] \Delta I_0(m\,r) \cos m z = 0, \qquad \Delta K_0(m\,r) \cos m z = 0, \\[4pt] \Delta m\,r\,I_1(m\,r) \cos m z = 2\,m^2 I_0(m\,r) \cos m z, \\[4pt] \Delta m\,r\,K_1(m\,r) \cos m z = -2\,m^2 K_0(m\,r) \cos m z. \end{array} \right\} \quad \text{(VIII, 50)}$$

Bestimmt man mittels der Gl. (VIII, 9) aus dem angegebenen thermoelastischen Verschiebungspotential Φ die Spannungen, so findet man, daß sowohl die Mantelflächen als auch die Endflächen des Rohres noch nicht spannungsfrei sind. Durch Überlagerung einer Lösung entsprechend

Wärmespannungen in einem dickwandigen Rohr.

den Gl. (VIII, 10) kann man die Spannungen σ_{rr} und σ_{rz} an den Mantelflächen zum Verschwinden bringen. Mit Unterdrückung des belanglosen Faktors $1/1-2\mu$ ergeben sich sodann für die Spannungen die Werte

$$\left.\begin{aligned}\sigma_{rr} &= 2G\left[\frac{\partial^2\Phi}{\partial r^2} - \Delta\Phi + \frac{\partial^2}{\partial r^2}\frac{\partial L}{\partial z} - \mu\Delta\frac{\partial L}{\partial z}\right],\\ \sigma_{rz} &= 2G\left[\frac{\partial^2\Phi}{\partial r\,\partial z} + \frac{\partial^2}{\partial r\,\partial z}\frac{\partial L}{\partial z} - (1-\mu)\frac{\partial}{\partial r}\Delta L\right],\\ \sigma_{\varphi\varphi} &= 2G\left[\frac{1}{r}\frac{\partial\Phi}{\partial r} - \Delta\Phi + \frac{1}{r}\frac{\partial}{\partial r}\frac{\partial L}{\partial z} - \mu\Delta\frac{\partial L}{\partial z}\right],\\ \sigma_{zz} &= 2G\left[\frac{\partial^2\Phi}{\partial z^2} - \Delta\Phi + \frac{\partial^2}{\partial z^2}\frac{\partial L}{\partial z} - (2-\mu)\Delta\frac{\partial L}{\partial z}\right].\end{aligned}\right\} \quad \text{(VIII, 51)}$$

Um die Mantelflächen spannungsfrei zu erhalten, müssen wir für L eine solche Lösung der Differentialgleichung $\Delta\Delta L = 0$ wählen, bei welcher $\frac{\partial L}{\partial z}$ mit dem Faktor $\cos m\,z$ behaftet ist; wie man sich leicht überzeugen kann lautet diese

$$\left.\begin{aligned}L = \frac{1+\mu}{1-\mu}\frac{\alpha}{2m^2}\{&B_1 I_0(m\,r) + B_2 K_0(m\,r) + \\ &+ m\,r[C_1 I_1(m\,r) - C_2 K_1(m\,r)]\}\frac{\sin m\,z}{m}.\end{aligned}\right\} \quad \text{(VIII, 52)}$$

B_1, B_2, C_1 und C_2 sind Integrationskonstante, die noch zu bestimmen sind. Wir verwenden im folgenden die Abkürzungen

$$U(m\,r) = U_1 I_0(m\,r) + U_2 K_0(m\,r), \quad U'(m\,r) = U_1 I_1(m\,r) - U_2 K_1(m\,r).$$

Die Gl. (VIII, 50) ergeben dann für die Ableitungen

$$\frac{dU}{dr} = m\,U', \quad \frac{d^2U}{dr^2} = m^2\left(U - \frac{U'}{m\,r}\right), \quad \Delta U \cos m\,z = 0,$$

$$\frac{d(m\,r\,U')}{dr} = m^2 r\,U, \quad \frac{d^2(m\,r\,U')}{dr^2} = m^2(U+U'),$$

$$\Delta m\,r\,U' \cos m\,z = 2 m^2 U \cos m\,z.$$

In dieser abgekürzten Schreibweise wird

$$\left.\begin{aligned}\Phi &= \frac{1+\mu}{1-\mu}\frac{\alpha}{2m^2}\,m\,r\,A'(m\,r)\cos m\,z,\\ L &= \frac{1+\mu}{1-\mu}\frac{\alpha}{2m^2}\{B(m\,r) + m\,r\,C'(m\,r)\}\frac{\sin m\,z}{m}\end{aligned}\right\} \quad \text{(VIII, 53)}$$

und für die Spannungen erhält man die Ausdrücke

$$\left.\begin{aligned}\sigma_{rr} &= G\frac{1+\mu}{1-\mu}\alpha\left\{-A + B + (1-2\mu)C + \right.\\ &\quad\left. + m\,r(A'+C') - \frac{B'}{m\,r}\right\}\cos m\,z,\\ \sigma_{rz} &= -G\frac{1+\mu}{1-\mu}\alpha\{m\,r(A+C) + B' + 2(1-\mu)C'\}\sin m\,z,\\ \sigma_{\varphi\varphi} &= -G\frac{1+\mu}{1-\mu}\alpha\left\{-A + (1-2\mu)C + \frac{B'}{m\,r}\right\}\cos m\,z,\\ \sigma_{zz} &= -G\frac{1+\mu}{1-\mu}\alpha\{2A + B + 2(2-\mu)C + \\ &\quad + m\,r(A'+C')\}\cos m\,z.\end{aligned}\right\} \quad \text{(VIII, 54)}$$

Die Koeffizienten A_1 und A_2 von $A = A(m\,r) = A_1 I_0(m\,r) + A_2 K_0(m\,r)$ erhält man aus den Gl. (VIII, 49); die Koeffizienten von B und C, nämlich B_1, B_2, und C_1, C_2 in den Ausdrücken

$$B = B(m\,r) = B_1 I_0(m\,r) + B_2 K_0(m\,r)$$

und

$$C = C(m\,r) = C_1 I_0(m\,r) + C_2 K_0(m\,r),$$

können so gewählt werden, daß die Mantelflächen spannungsfrei sind. Es muß also für $r = a$ und $r = b$ σ_{rr} und σ_{rz} gleich Null sein. In ausführlicher Schreibweise ergibt $\sigma_{rr} = 0$ die Gleichung

$$\begin{aligned} & B_1\left[I_0(m\,r) - \frac{I_1(m\,r)}{m\,r}\right] + B_2\left[K_0(m\,r) + \frac{K_1(m\,r)}{m\,r}\right] + \\ & + C_1\left[(1 - 2\,\mu) I_0(m\,r) + m\,r\,I_1(m\,r)\right] + \\ & + C_2\left[(1 - 2\,\mu) K_0(m\,r) - m\,r\,K_1(m\,r)\right] = \\ & = A_1\left[I_0(m\,r) - m\,r\,I_1(m\,r)\right] + A_2\left[K_0(m\,r) + m\,r\,K_1(m\,r)\right], \\ & \text{und } \sigma_{rz} = 0 \\ & B_1 I_1(m\,r) - B_2 K_1(m\,r) + C_1[m\,r\,I_0(m\,r) + \\ & + 2(1 - \mu) I_1(m\,r)] + C_2[m\,r\,K_0(m\,r) - 2(1 - \mu) K_1(m\,r)] = \\ & = [-A_1 I_0(m\,r) - A_2 K_0(m\,r)] \cdot m\,r. \end{aligned} \quad \text{(VIII, 55)}$$

Diese beiden Gleichungen gelten für $r = a$ und $r = b$, so daß für die Bestimmung der vier Integrationskonstanten B_1, B_2, C_1 und C_2 vier Gleichungen zur Verfügung stehen.

Die Lösung läßt sich noch verallgemeinern, wenn die Temperaturen an den beiden Mantelflächen beliebig vorgegeben und in FOURIERsche Reihen entwickelbar sind. Es sei also

$$T(a, z) = \sum_m p_m \cos m\,z, \qquad T(b, z) = \sum_m q_m \cos m\,z.$$

Die Gl. (VIII, 49) müssen daher für jedes m aufgelöst werden und ergeben die Koeffizienten A_{1m} und A_{2m}. Ebenso müssen auch die Gl. (VIII, 55) für jedes m aufgelöst werden und man erhält die Konstanten B_{1m}, B_{2m}, C_{1m} und C_{2m}. Bedeutet ähnlich wie früher

$$U_m = U_{1m} I_0(m\,r) + U_{2m} K_0(m\,r),$$
$$U'_m = U_{1m} I_1(m\,r) - U_{2m} K_1(m\,r),$$

so ergeben sich für die Spannungen die Werte

$$\begin{aligned} \sigma_{rr} &= G\,\frac{1+\mu}{1-\mu}\,\alpha \sum \left\{-A_m + B_m + (1-2\,\mu) C_m + \right. \\ & \left. + m\,r\,(A_m' + C_m') - \frac{B_m'}{r\,m}\right\} \cos m\,z, \\ \sigma_{rz} &= -G\,\frac{1+\mu}{1-\mu}\,\alpha \sum \left\{m\,r\,(A_m + C_m) + B_m' + \right. \\ & \left. + 2(1-\mu) C_m'\right\} \sin m\,z, \\ \sigma_{\varphi\varphi} &= -G\,\frac{1+\mu}{1-\mu}\,\alpha \sum \left\{-A_m + (1-2\,\mu) C_m + \frac{B_m'}{m\,r}\right\} \cos m\,z, \\ \sigma_{zz} &= -G\,\frac{1+\mu}{1-\mu}\,\alpha \sum \left\{2\,A_m + B_m + 2(2-\mu) C_m + \right. \\ & \left. + m\,r\,(A_m' + C_m')\right\} \cos m\,z. \end{aligned} \quad \text{(VIII, 56)}$$

Die Endquerschnitte des Rohres sind nicht spannungsfrei. Es treten sowohl Schubspannungen σ_{rz} als auch Normalspannungen σ_{zz} auf; erstere sind aus Symmetriegründen im Gleichgewicht; letztere werden im allgemeinen eine in die Richtung der Rohrachse fallende Resultierende ergeben. Durch Überlagerung einer gleichmäßig verteilten Normalspannung, deren Resultierende jener der Normalspannungen σ_{zz} entgegengesetzt ist, kann man erreichen, daß auch die auf die Endflächen wirkenden Normalspannungen im Gleichgewicht sind. Nach dem SAINT-VENANTschen Prinzip wird sich dann der Einfluß der im Gleichgewicht stehenden Spannungen, an den Endquerschnitten angreifend, in einiger Entfernung von denselben nicht mehr bemerkbar machen. Man erhält also auf diese Weise eine Näherungslösung für das dickwandige Rohr, bei welchem sämtliche Oberflächen spannungsfrei sind.

IX. Axialsymmetrische Wärmespannungen in dünnen Rotationsschalen.

1. Die Gleichungen der lastfreien, wärmebeanspruchten Rotationsschale[1].

Die beiden Hauptkrümmungsradien der Schale seien r_1 und r_2, Abb. 26. Mit ϑ werde der Längenwinkel und mit φ der Winkel der Flächennormalen gegen die Drehachse, also das Komplement des Breitenwinkels bezeichnet. δ sei die Dicke der Schale. Bei Drehsymmetrie treten nur Normalspannungen $\sigma_{\vartheta\vartheta}$ in Umfangsrichtung und $\sigma_{\varphi\varphi}$ in Richtung der Meridiantangente sowie Schubspannungen $\sigma_{\varphi z}$ auf. Die Koordinate z bezeichnet hierbei die Richtung der Flächennormalen der Schalenmittelfläche, positiv nach außen gemessen. Die Normalspannungen σ_{zz} vernachlässigen wir wegen der geringen Schalendicke.

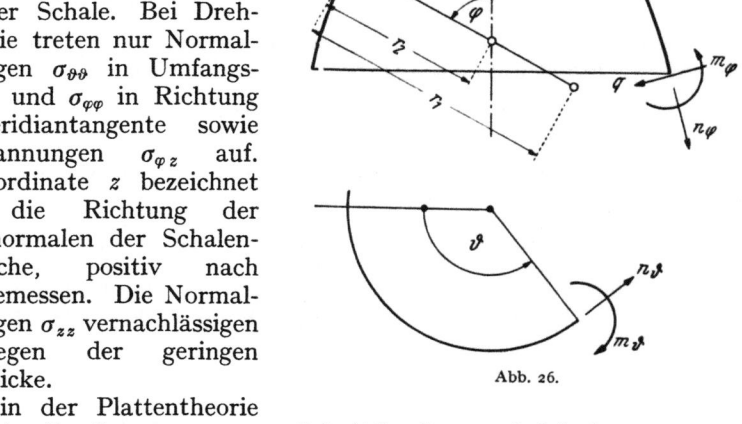

Abb. 26.

Wie in der Plattentheorie fassen wir die Spannungen zu Schnittkräften und Schnittmomenten zusammen:

---

[1] PARKUS (5).

Axialsymmetrische Wärmespannungen.

$$n_\varphi = \int_{-\frac{\delta}{2}}^{+\frac{\delta}{2}} \sigma_{\varphi\varphi} \, dz, \qquad n_\vartheta = \int_{-\frac{\delta}{2}}^{+\frac{\delta}{2}} \sigma_{\vartheta\vartheta} \, dz, \qquad m_\varphi = -\int_{-\frac{\delta}{2}}^{+\frac{\delta}{2}} \sigma_{\varphi\varphi} \, z \, dz,$$

$$m_\vartheta = -\int_{-\frac{\delta}{2}}^{+\frac{\delta}{2}} \sigma_{\vartheta\vartheta} \, z \, dz, \qquad q = -\int_{-\frac{\delta}{2}}^{+\frac{\delta}{2}} \sigma_{\varphi z} \, dz. \qquad \text{(IX, 1)}$$

Zwischen diesen Schnittgrößen bestehen bei Abwesenheit von Flächenlasten die folgenden drei Gleichgewichtsbedingungen[1]:

$$n_\varphi = -q \cot \varphi, \qquad n_\vartheta = -\frac{1}{r_1} \frac{d}{d\varphi} (q \, r_2), \qquad \text{(IX, 2)}$$

$$\frac{d}{d\varphi} (m_\varphi \, r_2 \sin \varphi) - m_\vartheta \, r_1 \cos \varphi - q \, r_1 \, r_2 \sin \varphi = 0. \qquad \text{(IX, 3)}$$

Die Temperaturänderung T gegenüber einem isothermen Ausgangszustand $T = 0$ kann in Richtung der Flächennormalen z in eine Potenzreihe entwickelt werden, wobei wir diese Reihe ebenso wie in der Plattentheorie nach dem zweiten Glied abbrechen:

$$T(\varphi, z) = T_0(\varphi) + z \, \tau(\varphi). \qquad \text{(IX, 4)}$$

Diese Näherung trifft um so genauer zu, je dünner die Schale ist.

Für die Dehnungen $\varepsilon_{\varphi\varphi}$ in Meridianrichtung und $\varepsilon_{\vartheta\vartheta}$ in Parallelkreisrichtung der Schalenmittelfläche $z = 0$ erhält man[1], wenn mit v die Verschiebungen in Richtung wachsender φ und mit w die Verschiebungen in Richtung wachsender z bezeichnet werden,

$$\varepsilon_{\varphi\varphi} = \frac{1}{r_1} \left(\frac{dv}{d\varphi} + w \right), \qquad \varepsilon_{\vartheta\vartheta} = \frac{1}{r_2} (v \cot \varphi + w). \qquad \text{(IX, 5)}$$

Zufolge der Verschiebungen v und w erfährt der Neigungswinkel φ der Meridiantangente eine Änderung χ von der Größe

$$\chi = \frac{1}{r_1} \left(v - \frac{dw}{d\varphi} \right) \qquad \text{(IX, 6)}$$

und man erhält für die Dehnungen $(\varepsilon_{\varphi\varphi})_z$ und $(\varepsilon_{\vartheta\vartheta})_z$ im Abstand z von der Mittelfläche

$$(\varepsilon_{\varphi\varphi})_z = \varepsilon_{\varphi\varphi} + \frac{z}{r_1} \frac{d\chi}{d\varphi}, \qquad (\varepsilon_{\vartheta\vartheta})_z = \varepsilon_{\vartheta\vartheta} + \frac{z}{r_2} \chi \cot \varphi. \qquad \text{(IX, 7)}$$

Die Dehnungen sind mit den Spannungen durch das HOOKEsche Gesetz Gl. (II, 7) verknüpft, welches sich im vorliegenden Fall wegen $\sigma_{zz} = 0$ zu

$$\begin{aligned}(\varepsilon_{\varphi\varphi})_z &= \frac{1}{E} (\sigma_{\varphi\varphi} - \mu \, \sigma_{\vartheta\vartheta}) + \alpha \, T, \\ (\varepsilon_{\vartheta\vartheta})_z &= \frac{1}{E} (\sigma_{\vartheta\vartheta} - \mu \, \sigma_{\varphi\varphi}) + \alpha \, T \end{aligned} \qquad \text{(IX, 8)}$$

---

[1] Bezüglich dieser und weiterer Einzelheiten der Schalentheorie s. K. GIRKMANN: Flächentragwerke. Wien 1948.

Die Gleichungen der lastfreien, wärmebeanspruchten Rotationsschale.

vereinfacht. Löst man diese Gleichungen nach $\sigma_{\varphi\varphi}$ und $\sigma_{\vartheta\vartheta}$ auf und setzt in die Ausdrücke Gl. (IX, 1) für die Schnittgrößen ein, so erhält man nach Ausführung der Integrationen und unter Beachtung der Gl. (IX, 5) und (IX, 7)

$$n_\varphi = D\left[\frac{1}{r_1}\left(\frac{dv}{d\varphi}+w\right) + \frac{\mu}{r_2}(v\cot\varphi + w) - \alpha(1+\mu)T_0\right],$$
$$n_\vartheta = D\left[\frac{1}{r_2}(v\cot\varphi + w) + \frac{\mu}{r_1}\left(\frac{dv}{d\varphi}+w\right) - \alpha(1+\mu)T_0\right], \quad \text{(IX, 9)}$$

$$m_\varphi = -K\left[\frac{1}{r_1}\frac{d\chi}{d\varphi} + \frac{\mu}{r_2}\chi\cot\varphi - \alpha(1+\mu)\tau\right],$$
$$m_\vartheta = -K\left[\frac{1}{r_2}\chi\cot\varphi + \frac{\mu}{r_1}\frac{d\chi}{d\varphi} - \alpha(1+\mu)\tau\right]. \quad \text{(IX, 10)}$$

Die Größen D und K sind die Dehn- bzw. Biegesteifigkeit der Schale

$$D = \frac{E\delta}{1-\mu^2}, \qquad K = \frac{E\delta^3}{12(1-\mu^2)}. \quad \text{(IX, 11)}$$

Zwischen den Dehnungen $\varepsilon_{\varphi\varphi}$ und $\varepsilon_{\vartheta\vartheta}$ und der Winkeländerung χ besteht die Verträglichkeitsbedingung

$$\chi = \left(\varepsilon_{\varphi\varphi} - \frac{r_2}{r_1}\varepsilon_{\vartheta\vartheta}\right)\cot\varphi - \frac{1}{r_1}\frac{d}{d\varphi}(r_2\varepsilon_{\vartheta\vartheta}), \quad \text{(IX, 12)}$$

die man durch Einsetzen leicht verifiziert. $\varepsilon_{\varphi\varphi}$ und $\varepsilon_{\vartheta\vartheta}$ lassen sich dabei — durch Integration von Gl. (IX, 8) — noch durch die Schnittkräfte ausdrücken:

$$\varepsilon_{\varphi\varphi} = \frac{1}{E\delta}(n_\varphi - \mu n_\vartheta) + \alpha T_0, \qquad \varepsilon_{\vartheta\vartheta} = \frac{1}{E\delta}(n_\vartheta - \mu n_\varphi) + \alpha T_0. \quad \text{(IX, 13)}$$

Das vorstehende Gleichungssystem kann auf zwei gekoppelte Differentialgleichungen zweiter Ordnung zurückgeführt werden. Es ist zweckmäßig, an Stelle der Querkraft q eine Hilfsgröße Q einzuführen, die durch

$$Q = 4q\frac{r_2}{\delta^2} \quad \text{(IX, 14)}$$

definiert ist. Man erhält dann durch Einsetzen von m_φ und m_ϑ gemäß (IX, 10) in die Gleichgewichtsbedingung (IX, 3) die erste der folgenden Gleichungen:

$$\frac{d^2\chi}{d\varphi^2} + \left[\frac{r_1}{r_2}\frac{d}{d\varphi}\left(\frac{r_2}{r_1}\right) + \cot\varphi + \frac{3}{\delta}\frac{d\delta}{d\varphi}\right]\frac{d\chi}{d\varphi} -$$
$$- \left[\left(\frac{r_1}{r_2}\cot\varphi\right)^2 + \mu\frac{r_1}{r_2}\left(1 - \frac{3\cot\varphi}{\delta}\frac{d\delta}{d\varphi}\right)\right]\chi = -\frac{\delta^2 r_1^2}{4Kr_2}Q +$$
$$+ \alpha(1+\mu)r_1\left[\left(\frac{3}{\delta}\frac{d\delta}{d\varphi} + \frac{1}{r_2}\frac{dr_2}{d\varphi}\right)\tau + \left(1 - \frac{r_1}{r_2}\right)\tau\cot\varphi + \frac{d\tau}{d\varphi}\right].$$

$$\frac{d^2Q}{d\varphi^2} + \left[\frac{r_1}{r_2}\frac{d}{d\varphi}\left(\frac{r_2}{r_1}\right) + \cot\varphi + \frac{3}{\delta}\frac{d\delta}{d\varphi}\right]\frac{dQ}{d\varphi} -$$
$$- \left[\left(\frac{r_1}{r_2}\cot\varphi\right)^2 - \frac{2}{\delta}\frac{d\delta}{d\varphi}\frac{r_1}{r_2}\frac{d}{d\varphi}\left(\frac{r_2}{r_1}\right) - \frac{2}{\delta}\frac{d^2\delta}{d\varphi^2} - \right.$$
$$\left. - \left(2+\mu\frac{r_1}{r_2}\right)\cdot\frac{\cot\varphi}{\delta}\cdot\frac{d\delta}{d\varphi} - \mu\frac{r_1}{r_2}\right]Q = \frac{4E}{\delta}r_1\left\{\frac{r_1}{r_2}\chi + \right.$$
$$\left. + \alpha\left[\frac{1}{r_2}\frac{dr_2}{d\varphi} + \left(1 - \frac{r_1}{r_2}\right)\cot\varphi\right]T_0 + \alpha\frac{dT_0}{d\varphi}\right\}.$$

$$\quad \text{(IX, 15)}$$

Die zweite Gleichung entsteht durch Einführen der Beziehungen (IX, 13) und (IX, 2) in die Verträglichkeitsbedingung (IX, 12).

Die Reduktion des Problems der drehsymmetrisch belasteten Rotationsschale auf zwei simultane Differentialgleichungen in χ und Q geht auf H. REISSNER und E. MEISSNER zurück. Die vorstehenden Gleichungen gelten für die durch Temperatur und Randlasten beanspruchte Schale. Sind auch noch Flächenlasten vorhanden, dann müssen Lösungen der MEISSNERschen Gleichungen[1] überlagert werden.

2. Sonderfälle. Die allgemeinen Gl. (IX, 15) vereinfachen sich beträchtlich für Schalen konstanter Meridiankrümmung, wie Kugel-, Kegel- und Zylinderschale. Wir stellen die Gleichungen nachstehend zusammen, wobei wir außerdem konstante Wandstärke δ annehmen wollen.

a) Kugelschale. Mit $\delta =$ konst. und $r_1 = r_2 = a$ gehen die Gl. (IX, 15) über in

$$\left.\begin{aligned}\frac{d^2\chi}{d\varphi^2} + \cotg \frac{d\chi}{d\varphi} - (\cotg^2\varphi + \mu)\chi &= -\frac{\delta^2 a}{4K}Q + \alpha(1+\mu)a\frac{d\tau}{d\varphi}, \\ \frac{d^2Q}{d\varphi^2} + \cotg \varphi \frac{dQ}{d\varphi} - (\cotg^2\varphi - \mu)Q &= \frac{4Ea}{\delta}\left(\chi + \alpha \frac{dT_0}{d\varphi}\right).\end{aligned}\right\} \quad \text{(IX, 16)}$$

b) Kegelschale. Bedeutet β den halben Öffnungswinkel des Kegels, so ist $\varphi = \frac{\pi}{2} - \beta =$ const. Unter Einführung der von der Kegelspitze gezählten Bogenlänge $ds = r_1 d\varrho$ und mit $r_1 \to \infty$, $r_2 = s \tang\beta$ sowie $\delta =$ const. gehen die Gl. (IX, 15) über in

$$\left.\begin{aligned}s^2\frac{d^2\chi}{ds^2} + s\frac{d\chi}{ds} - \chi &= -\delta^2\frac{\cotg\beta}{4K}sQ + \alpha(1+\mu)s^2\frac{d\tau}{ds}, \\ s^2\frac{d^2Q}{ds^2} + s\frac{dQ}{ds} - Q &= \frac{4E}{\delta}\left(s\cotg\beta\,\chi + \alpha s^2\frac{dT_0}{ds}\right).\end{aligned}\right\} \quad \text{(IX, 17)}$$

Die Ausdrücke für die Schnittgrößen lauten jetzt

$$\left.\begin{aligned}n_\varphi - n_s &= -q\tang\beta, \qquad n_\vartheta = -\frac{d(qs)}{ds}\tang\beta, \\ m_\varphi - m_s &= -K\left[\frac{d\chi}{ds} + \frac{\mu}{s}\chi - \alpha(1+\mu)\tau\right], \\ m_\vartheta &= -K\left[\frac{\chi}{s} + \mu\frac{d\chi}{ds} - \alpha(1+\mu)\tau\right].\end{aligned}\right\} \quad \text{(IX, 18)}$$

Gl. (IX, 6) schließlich vereinfacht sich zu

$$\chi = -\frac{dw}{ds}. \quad \text{(IX, 19)}$$

c) Zylinderschale. Mit $\delta =$ const., $\varphi = \frac{\pi}{2}$, $r_1 d\varphi = dx$ ($x \ldots$ Koordinate in Achsenrichtung), $r_1 \to \infty$ und $r_2 = r = a$ gehen die Gl. (IX, 15) über in

$$\left.\begin{aligned}\frac{d^2\chi}{dx^2} &= -\frac{q}{K} + \alpha(1+\mu)\frac{d\tau}{dx}, \\ \frac{d^2q}{dx^2} &= \frac{E\delta}{a}\left(\frac{\chi}{a} + \alpha\frac{dT_0}{dx}\right).\end{aligned}\right\} \quad \text{(IX, 20)}$$

---

[1] Handbuch der Physik, Bd. VI, S. 238. Berlin: 1928.

Die Zylinderschale mit an den Mantelflächen vorgegebener Temperaturverteilung.

Für die Schnittgrößen gilt

$$\left.\begin{array}{l} n_\varphi = n_x = 0, \qquad n_\vartheta = -a\dfrac{dq}{dx}, \\[4pt] m_\varphi = m_x = -K\left[\dfrac{d\chi}{dx} - \alpha(1+\mu)\tau\right], \\[4pt] m_\vartheta = -K\left[\mu\dfrac{d\chi}{dx} - \alpha(1+\mu)\tau\right]. \end{array}\right\} \qquad (IX, 21)$$

Gl. (IX, 6) lautet hier

$$\chi = -\dfrac{dw}{dx} \qquad (IX, 22)$$

und die erste Gl. (IX, 9) gibt mit $n_\varphi = 0$

$$\dfrac{dv}{dx} = \alpha(1+\mu)T_0 - \mu\dfrac{w}{a}. \qquad (IX, 23)$$

Partikulare Lösungen der Gleichungen für die Kugel- und Kegelschale sind in der Literatur angegeben[1]. Wir befassen uns im nachstehenden eingehender mit der Zylinderschale.

3. Die Zylinderschale mit an den Mantelflächen vorgegebener Temperaturverteilung. Die Oberflächentemperatur an der Innenwandung $z = -\dfrac{\delta}{2}$ sei durch

$$T\left(x, z = -\dfrac{\delta}{2}\right) = f_1(x)$$

und die Temperatur an der Außenwandung $z = +\dfrac{\delta}{2}$ durch

$$T\left(x, z = +\dfrac{\delta}{2}\right) = f_2(x)$$

vorgegeben. Wir wollen ferner annehmen, daß sich $f_1(x)$ und $f_2(x)$ in FOURIER-Reihen entwickeln lassen, so daß also in

$$\left.\begin{array}{l} f_1(x) = \displaystyle\sum_{n=0}^{\infty} p_n \cos\omega_n x, \\[4pt] f_2(x) = \displaystyle\sum_{n=0}^{\infty} q_n \cos\omega_n x \end{array}\right\} \qquad (IX, 24)$$

die Koeffizienten p_n und q_n bekannte Größen sind. Wir betrachten hier nur die Kosinusglieder der FOURIER-Entwicklung. Alle nachfolgenden Überlegungen gelten aber auch für die Sinusglieder.

Wird die Reihenentwicklung (IX, 24) in die Gl. (IX, 4) eingesetzt, so erhält man

$$T(x, z) = T_0(x) + z\,\tau(x)$$

mit

$$\left.\begin{array}{l} T_0(x) = \dfrac{1}{2}(f_2 + f_1) = \displaystyle\sum_{n=0}^{\infty} \dfrac{q_n + p_n}{2} \cos\omega_n x, \\[4pt] \tau(x) = \dfrac{1}{\delta}(f_2 - f_1) = \displaystyle\sum_{n=0}^{\infty} \dfrac{q_n - p_n}{\delta} \cos\omega_n x. \end{array}\right\} \qquad (IX, 25)$$

---

[1] PARKUS (5).

Zur Bestimmung der durch diese Temperaturverteilung hervorgerufenen Wärmespannungen sind die Gl. (IX, 20) zu lösen. Wir machen hierzu den Ansatz

$$\chi = \alpha \sum_{n=1}^{\infty} A_n \sin \omega_n x, \qquad q = \alpha \sum_{n=1}^{\infty} B_n \sin \omega_n x, \qquad \text{(IX, 26)}$$

für die Neigungsänderung χ und die Querkraft q. Nach Einsetzen in die Gl. (IX, 20) erhält man die folgenden Bestimmungsgleichungen für A_n und B_n

$$\omega_n^2 A_n - \frac{1}{K} B_n = (1 + \mu)\, \omega_n \frac{q_n - p_n}{\delta},$$

$$\frac{E \delta}{a^2} A_n + \omega_n^2 B_n = \frac{E \delta}{a} \omega_n \frac{q_n + p_n}{2}$$

mit den Lösungen

$$A_n = \frac{(1+\mu)\, a\, \omega_n}{\Theta} [a\, \delta\, \omega_n^2 (q_n - p_n) + 6(1 - \mu)(q_n + p_n)],$$

$$B_n = \frac{E\, \omega_n\, \delta^2}{\Theta} \left[a\, \delta\, \omega_n^2 \frac{q_n + p_n}{2} - (1 + \mu)(q_n - p_n) \right],$$

$$\Theta = 12(1 - \mu^2) + a^2 \delta^2 \omega_n^4 \qquad (n = 1, 2, 3 \ldots).$$

Mittels der Gl. (IX, 21) ergeben sich dann die Schnittkraft n_ϑ in Umfangsrichtung und die Biegungsmomente zu

$$n_\vartheta = -\alpha\, a \sum_{n=1}^{\infty} \omega_n B_n \cos \omega_n x,$$

$$m_x = \alpha K \left[(1 + \mu)\, \tau - \sum_{n=1}^{\infty} \omega_n A_n \cos \omega_n x \right], \qquad \text{(IX, 28)}$$

$$m_\vartheta = \alpha K \left[(1 + \mu)\, \tau - \sum_{n=1}^{\infty} \omega_n A_n \cos \omega_n x \right].$$

Die zugehörige Verschiebungskomponente w in axialer Richtung folgt sofort aus Gl. (IX, 22) zu

$$w = \alpha \left[\frac{q_0 + p_0}{2} a + \sum_{n=1}^{\infty} \frac{A_n}{\omega_n} \cos \omega_n x \right]. \qquad \text{(IX, 29)}$$

Das konstante Glied entspricht dem von x unabhängigen Temperaturanteil in T_0, der keine Spannungen verursacht.

Für die Verschiebungen in axialer Richtung v erhält man aus Gl. (IX, 23) nach Einsetzen der Reihen für T_0 und w gemäß Gl. (IX, 25) und (IX, 29) durch Integration

$$v = \alpha \left\{ \frac{q_0 + p_0}{2} x + \sum_{n=1}^{\infty} \left[(1 + \mu) \frac{q_n + p_n}{2\, \omega_n} - \frac{\mu}{a} \frac{A_n}{\omega_n^2} \right] \sin \omega_n x \right\}, \qquad \text{(IX, 30)}$$

wobei die belanglose Integrationskonstante unterdrückt wurde.

4. Die Randbedingungen.

Die in Ziffer 3 gewonnene Lösung wird im allgemeinen nicht die an den Rohrenden vorgeschriebenen Randbedingungen erfüllen. Wir müssen daher noch Lösungen für ein temperaturfreies Rohr, das lediglich an den Enden durch Biegemomente oder Querkräfte beansprucht ist, überlagern. Solche Lösungen sind fertig ausgearbeitet in der Literatur zu finden[1]. Es handelt sich hierbei um Lösungen der Differentialgleichungen (IX, 20) mit $T_0 = \tau = 0$. Wir stellen hier nur die Ergebnisse zusammen. Die hierbei auftretende Hilfsgröße λ ist durch

$$\lambda = \sqrt[4]{\frac{3(1-\mu^2)}{a^2 \delta^2}} \qquad (IX, 31)$$

definiert.

Für den Angriff von Querkräften R am Rande $x = 0$, Abb. 27:

$$\left.\begin{aligned}
w &= \frac{-R}{2K\lambda^3} e^{-\lambda x} \cos \lambda x, \quad \chi = \frac{-R}{2K\lambda^2} e^{-\lambda x}(\cos \lambda x + \sin \lambda x), \\
q &= -R e^{-\lambda x}(\cos \lambda x - \sin \lambda x), \\
n_\vartheta &= -2\lambda a R e^{-\lambda x} \cos \lambda x, \\
m_x &= \frac{-R}{\lambda} e^{-\lambda x} \sin \lambda x, \quad m_\vartheta = \mu m_x;
\end{aligned}\right\} \qquad (IX, 32)$$

und für den Angriff von Momenten M am Rande $x = 0$, Abb. 27:

$$\left.\begin{aligned}
w &= \frac{M}{2K\lambda^2} e^{-\lambda x}(\cos \lambda x - \sin \lambda x), \quad \chi = \frac{M}{K\lambda} e^{-\lambda x} \cos \lambda x, \\
q &= -2M\lambda e^{-\lambda x} \sin \lambda x, \\
n_\vartheta &= -2\lambda^2 a M e^{-\lambda x}(\cos \lambda x - \sin \lambda x), \\
m_x &= M e^{-\lambda x}(\cos \lambda x + \sin \lambda x), \quad m_\vartheta = \mu m_x.
\end{aligned}\right\} \qquad (IX, 33)$$

Die angegebenen Formeln können auch für Randangriffe in $x = l$ verwendet werden; es ist nur x durch $l - x$ zu ersetzen und das Vorzeichen von χ und q umzukehren.

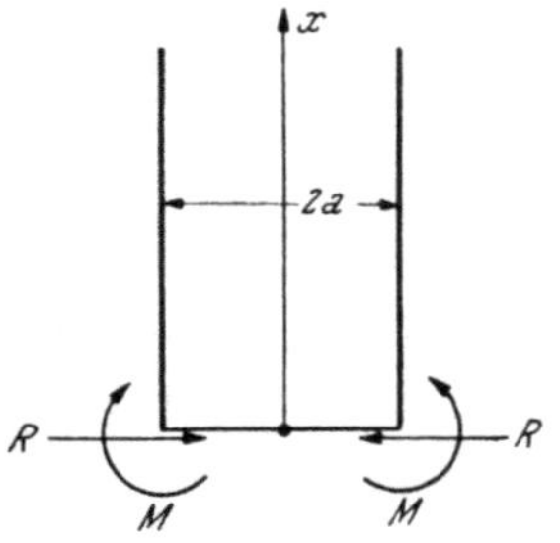

Man ersieht aus den Formeln, daß alle Verschiebungen und Schnittgrößen wegen des Faktors $e^{-\lambda x}$ mit zunehmender Entfernung vom Rand rasch abklingen. Bei hinreichender Rohrlänge (größer oder gleich dem Rohrradius) sind daher die Formeln ohneweiters anwendbar, da sich dann die beiden Ränder nicht mehr gegenseitig beeinflussen.

Die zu überlagernden Lösungen sind je nach Art der Randbedingung verschieden auszuwählen. Liegt z. B. in $x = 0$ ein freies Rohrende vor, so müssen dort das Biegemoment m_x und die Querkraft q verschwinden. Bezeichnen wir

Abb. 27.

---

[1] Siehe z. B. K. GIRKMANN: Flächentragwerke, Nr. 163; Wien 1948 oder TIMOSHENKO, S. 389 ff.

die Lösungen von Ziffer 3 mit dem Index (1), diejenigen nach den Gl. (IX, 32) mit (2) und diejenigen nach den Gl. (IX, 33) mit (3), so erhalten wir die beiden Gleichungen

$$m_x = m_x^{(1)} + m_x^{(2)} + m_x^{(3)} = 0,$$
$$q = q^{(1)} + q^{(2)} + q^{(3)} = 0,$$
in $x = 0$

als Bestimmungsgleichungen für die beiden Konstanten R und M.

Ist der Rand $x = 0$ unverschieblich aber verdrehbar gelagert, so gelten die Randbedingungen

$$w = w^{(1)} + w^{(2)} + w^{(3)} = 0,$$
$$m_x = m_x^{(1)} + m_x^{(2)} + m_x^{(3)} = 0,$$
in $x = 0$.

Handelt es sich schließlich um einen unverschieblich und unverdrehbar eingespannten Rand, so gilt dort $w = 0$ und $\chi = 0$, also

$$w = w^{(1)} + w^{(2)} + w^{(3)} = 0,$$
$$\chi = \chi^{(1)} + \chi^{(2)} + \chi^{(3)} = 0,$$
in $x = 0$.

5. Spezielle Temperaturverteilungen. Partikuläre Lösungen der Differentialgleichungen (IX, 20) lassen sich angeben, wenn die Oberflächentemperaturen $f_1(x)$ und $f_2(x)$ Polynome beliebigen Grades m in x sind. Dies trifft dann auch für $T_0(x) = (f_2 + f_1)/2$ und $\tau(x) = (f_2 - f_1)/\delta$ zu:

$$T_0(x) = \sum_{n=0}^{m} b_n x^n, \qquad \tau(x) = \sum_{n=0}^{m} c_n x^n. \qquad \text{(IX, 34)}$$

Mit dem Ansatz

$$\chi = \alpha \sum_{n=1}^{m} C_n x^{n-1}, \qquad q = \alpha \frac{E\delta}{a} \sum_{n=1}^{m} D_n x^{n-1} \qquad \text{(IX, 35)}$$

erhält man nach Einsetzen in die Gl. (IX, 20) die folgenden Bestimmungsgleichungen für die Koeffizienten C_n und D_n:

$$\left.\begin{aligned}
C_n &= a\,n\,[(n+1) D_{n+2} - b_n], \\
D_n &= \frac{a\,\delta^2}{12(1-\mu^2)} n\,[(1+\mu) C_n - (n+1) C_{n+2}] \\
&\quad (n = 1, 2, 3, \ldots, m).
\end{aligned}\right\} \qquad \text{(IX, 36)}$$

Diese Gleichungen können leicht rekursiv aufgelöst werden, beginnend mit $n = m$. Die Gl. (IX, 21) liefern dann

$$\left.\begin{aligned}
n_\vartheta &= -\alpha E \delta \sum_{n=2}^{m}(n-1) D_n x^{n-2}, \\
m_x &= -\alpha K \left[\sum_{n=2}^{m}(n-1) C_n x^{n-2} - (1+\mu)\tau\right], \\
m_\vartheta &= -\alpha K \left[\mu \sum_{n=2}^{m}(n-1) C_n x^{n-2} - (1+\mu)\tau\right].
\end{aligned}\right\} \qquad \text{(IX, 37)}$$

Ebenso leicht erhält man eine partikulare Lösung, wenn $T_0(x)$ und $\tau(x)$ Exponentialfunktionen sind:

Wir setzen
$$T_0(x) = b\,e^{-\omega x}, \qquad \tau(x) = c\,e^{-\omega x}. \tag{IX, 38}$$

$$\chi = \alpha\,A\,e^{-\omega x}, \qquad q = \alpha\,\frac{E\,\delta}{a}\,B\,e^{-\omega x}. \tag{IX, 39}$$

Die Gl. (IX, 20) liefern dann

$$\left.\begin{aligned} A &= (1+\mu)\,\omega\,a\,\frac{12\,(1-\mu)\,b - a\,\delta^2\,\omega^2\,c}{12\,(1-\mu^2) + a^2\,\delta^2\,\omega^4}, \\ B &= -\,\omega\,a\,\delta^2\,\frac{(1+\mu)\,c + a\,\omega^2\,b}{12\,(1-\mu^2) + a^2\,\delta^2\,\omega^4}. \end{aligned}\right\} \tag{IX, 40}$$

Damit wird

$$\left.\begin{aligned} w &= \alpha\,\frac{A}{\omega}\,e^{-\omega x}, \\ n_\vartheta &= \alpha\,E\,\delta\,\omega\,B\,e^{-\omega x}. \\ m_x &= \alpha\,K\,[\omega\,A + (1+\mu)\,c]\,e^{-\omega x}, \\ m_\vartheta &= \alpha\,K\,[\mu\,\omega\,A + (1+\mu)\,c]\,e^{-\omega x}. \end{aligned}\right\} \tag{IX, 41}$$

Die Integrationskonstante im Ausdruck für w verschwindet, da in genügend großer Entfernung x die Temperatur und damit auch die Radialverschiebung verschwinden.

6. Ein Beispiel. Wir wollen die Spannungen in einem dünnwandigen kreiszylindrischen Rohr großer Länge berechnen, welches in Rohrmitte $x = 0$ längs eines Kreises auf die Temperatur ϑ erwärmt wird. Diese Temperatur möge entsprechend der Gleichung

$$T(x) = \vartheta\,e^{-\omega x} \text{ für positive } x,$$
$$T(x) = \vartheta\,e^{\omega x} \text{ für negative } x$$

von der Heizstelle weg abnehmen. Wir beschränken uns auf die Rohrhälfte mit positivem x; es gelten dann die Gl. (IX, 38) bis (IX, 41) mit $b = \vartheta$ und $c = 0$. Für die Rohrhälfte mit negativem x gelten die gleichen Beziehungen, nur ist ω durch $-\omega$ zu ersetzen.

An der Stelle $x = 0$ sind die Übergangsbedingungen

$$w_{x+0} = w_{x-0}, \qquad (m_x)_{x+0} = (m_x)_{x-0}$$

von selbst erfüllt, während wir den Symmetriebedingungen in $x = 0$

$$\chi = 0 \quad \text{und} \quad q = 0$$

durch Überlagerung der partikularen Lösungen (IX, 32) und (IX, 33) Genüge leisten können. Die Konstanten R und M ergeben sich hierbei zu

$$R = \alpha\,\frac{E\,\delta}{a}\,B, \qquad M = \alpha\left(\frac{E\,\delta}{2\,a\,\lambda}\,B - K\,\lambda\,A\right).$$

Nun ist aber gemäß Gl. (IX, 40) mit $c = 0$

$$\frac{E\,\delta}{a}\,B = -\,K\,\omega^2\,A,$$

so daß
$$R = -\,\alpha\,K\,\omega^2\,A, \qquad M = -\,\alpha\,K\,\lambda\,A\left(\frac{\omega^2}{2\,\lambda^2} + 1\right).$$

Damit wird die endgültige Lösung

$$w = \alpha \frac{A}{\omega} \left\{ e^{-\omega x} + \frac{\omega}{2\lambda} \left[\left(\frac{\omega^2}{2\lambda^2} - 1 \right) \cos \lambda x + \left(\frac{\omega^2}{2\lambda^2} + 1 \right) \sin \lambda x \right] e^{-\lambda x} \right\},$$

$$\chi = \alpha A \left[e^{-\omega x} + e^{-\lambda x} \left(\frac{\omega^2}{2\lambda^2} \sin \lambda x - \cos \lambda x \right) \right],$$

$$q = \alpha A K \omega^2 \left[-e^{-\omega x} + e^{-\lambda x} \left(\cos \lambda x + \frac{2\lambda^2}{\omega^2} \sin \lambda x \right) \right],$$

$$m_x = \alpha A K \omega \left\{ e^{-\omega x} + \frac{\lambda}{\omega} e^{-\lambda x} \left[\left(\frac{\omega^2}{2\lambda^2} - 1 \right) \sin \lambda x - \left(\frac{\omega^2}{2\lambda^2} + 1 \right) \cos \lambda x \right] \right\},$$

$$m_\vartheta = \mu\, m_x.$$

Das größte Biegungsmoment tritt in Rohrmitte $x = 0$ auf und beträgt

$$m_{x\,\text{max}} = -\frac{\alpha A K}{2\lambda} [\lambda^2 + (\omega - \lambda)^2].$$

X. Wärmespannungen in Körpern mit Einschlüssen.

1. Allgemeines[1]. In einem sonst homogenen Körper befinde sich ein Einschluß aus einem Material mit gleichen elastischen Eigenschaften wie der umschließende Werkstoff, aber mit verschiedener Wärmedehnungszahl. Der ganze Körper werde nun gleichmäßig um T_0 Grade erwärmt.

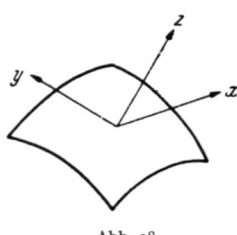

Abb. 28.

Durch die verschiedene thermische Ausdehnung der beiden Materialien wird sich ein Spannungszustand ausbilden, dessen Größe proportional dem Unterschied zwischen der Wärmedehnungszahl des Einschlusses und der des umgebenden Körpers ist. Wir wollen diese Differenz (nicht die Wärmedehnungszahl selbst) im vorliegenden Abschnitt mit η bezeichnen.

Ein gleichartiger Spannungszustand ergibt sich übrigens auch bei überall gleicher Wärmedehnungszahl, wenn der Einschluß auf die Temperatur T_0 erwärmt und der übrige Körper auf der Temperatur Null gehalten wird.

Wir wollen zunächst eine allgemeine Eigenschaft des vorliegenden Spannungszustandes feststellen und betrachten dazu einen Punkt der Grenzfläche zwischen Einschluß und umgebenden Körper, Abb. 28. Wir legen ein rechtwinkeliges Koordinatensystem x, y, z so durch diesen Punkt, daß die z-Achse mit der Flächennormalen zusammenfällt, während die beiden anderen Achsen die Tangentialebene aufspannen.

---

[1] GOODIER (2).

Wärmespannungen in einer unendlichen Scheibe mit rechteckigem Einschluß.

Zunächst ist einzusehen, daß die Verzerrungen ε_{xx}, ε_{xy} und ε_{yy} beim Durchgang durch die Grenzfläche stetige Funktionen sein müssen, da sonst ein Aufreißen eintreten würde. Damit sind aber auch die Spannungen σ_{xy} stetig. Denkt man sich ferner den Körper an der Grenzfläche aufgeschnitten, so folgt sofort aus Gleichgewichtsgründen, daß auch die Spannungen σ_{zz}, σ_{xz} und σ_{yz} stetig sind. Dagegen erleiden die Spannungen σ_{xx} und σ_{yy} beim Durchgang durch die Grenzfläche einen Sprung, dessen Größe sich sofort angeben läßt. Es ist nach dem HOOKEschen Gesetz gemäß Gl. (II, 10) wegen $\varepsilon_{xxi} = \varepsilon_{xxa}$ („i" innerhalb, „a" außerhalb der Grenzfläche):

$$\sigma_{xxi} - \sigma_{xxa} = \frac{2G}{1-2\mu} [\mu (e_i - e_a) - (1+\mu) \eta T_0].$$

Hierin ist zunächst die Differenz der Volumsdilatation

$$e_i - e_a = \varepsilon_{zzi} - \varepsilon_{zza}$$

und wegen der Stetigkeit von σ_{zz} weiter

$$\varepsilon_{zzi} - \varepsilon_{zza} + \frac{\mu}{1-2\mu}(e_i - e_a) = \frac{1+\mu}{1-2\mu}\eta T_0$$

oder

$$e_i - e_a = \frac{1+\mu}{1-\mu}\eta T_0. \qquad (X, 1)$$

Man erhält somit für den Spannungssprung an der Grenzfläche

$$\sigma_{xxi} - \sigma_{xxa} = \sigma_{yyi} - \sigma_{yya} = -\frac{E\eta T_0}{1-\mu}, \qquad (X, 2)$$

unabhängig von der Form der Grenzfläche.

Nachfolgend sollen nun zwei Beispiele solcher Spannungszustände durch Einschlüsse behandelt werden[1].

2. Wärmespannungen in einer unendlichen Scheibe mit rechteckigem Einschluß[2]. Wir untersuchen eine dünne, unendlich ausgedehnte Platte, in der sich ein rechteckiger Einschluß (Seitenlängen $2a$ und $2b$) befinden möge, Abb. 29. Diese Platte wird nun um die konstante Temperatur T_0 erwärmt.

Zur Lösung der Spannungsaufgabe ziehen wir das thermische Verschiebungspotential heran, welches für den hier vorliegenden ebenen Spannungszustand der Gl. (V, 14)

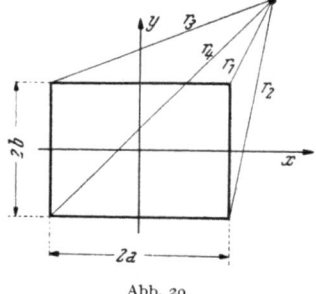

Abb. 29.

$$\Delta \Psi = (1+\mu)\eta T = \begin{cases} K & \text{für } -a<x<a,\ -b<y<b, \\ 0 & \text{für } x<-a,\ x>a, \\ & \quad y<-b,\ y>b \end{cases} \qquad (X, 3)$$

gehorcht, wobei $K = (1+\mu)\eta T_0$ gesetzt wurde, mit η als Differenz der Wärmedehnungszahlen von Einschluß und Platte.

---

[1] Weitere Beispiele s. GOODIER (2), MINDLIN-COOPER und SEN.
[2] GOODIER (2).

In der Potentialtheorie wird gezeigt, daß die Lösung der POISSONschen Gleichung $\Delta \Psi = f(x, y)$ in der Form

$$\Psi(x, y) = \frac{1}{2\pi} \int_B f(\xi, \eta) \log r \, d\xi \, d\eta \quad \text{mit} \quad r = \sqrt{(x-\xi)^2 + (y-\eta)^2} \quad (X, 4)$$

geschrieben werden kann, wobei die Integration über den Bereich B, in dem die Funktion f nicht verschwindet, zu erstrecken ist.

Wird die Formel (X, 4) auf die hier vorliegende Gl. (X, 3) angewendet, so erhält man

$$\Psi = \frac{K}{2\pi} \int_{\xi=-a}^{+a} \int_{\eta=-b}^{+b} \log r \, d\xi \, d\eta. \quad (X, 5)$$

Wir wollen jetzt zeigen, daß wir mit diesem Ausdruck bereits die vollständige Lösung unseres Problems gewonnen haben. Hierzu haben wir nachzuweisen, daß die aus Ψ berechneten Spannungen die Randbedingungen (Verschwinden aller Spannungen im Unendlichen) erfüllen. Außerdem müssen die Verschiebungen im Koordinatenursprung $x = 0$, $y = 0$ verschwinden.

Zur Berechnung der Verschiebungen und Spannungen benötigen wir gemäß Abschn. V, 2 die ersten und zweiten Ableitungen von Ψ. Nach Ausführung der entsprechenden Differentiationen unter dem Integralzeichen lassen sich die Integrale geschlossen auswerten. Man erhält

$$\left.\begin{aligned}
\frac{\partial \Psi}{\partial x} &= \frac{K}{2\pi}\left[(y-b)\log\frac{r_1}{r_3} + (y+b)\log\frac{r_4}{r_2} + \right.\\
&\quad \left. + (x-a)(\vartheta_1 - \vartheta_2) - (x+a)(\vartheta_3 - \vartheta_4)\right],\\
\frac{\partial^2 \Psi}{\partial x^2} &= \frac{K}{2\pi}\left[(\vartheta_1 - \vartheta_2) - (\vartheta_3 - \vartheta_4)\right],\\
\frac{\partial^2 \Psi}{\partial x \partial y} &= \frac{K}{2\pi} \log \frac{r_1 r_4}{r_2 r_3},
\end{aligned}\right\} \quad (X, 6)$$

mit $r_1^2 = (x-a)^2 + (y-b)^2$, $r_2^2 = (x-a)^2 + (y+b)^2$,

$r_3^2 = (x+a)^2 + (y-b)^2$, $r_4^2 = (x+a)^2 + (y+b)^2$,

$$\vartheta_1 = \operatorname{arctg} \frac{y-b}{x-a}, \quad \vartheta_2 = \operatorname{arctg} \frac{y+b}{x-a}, \quad \vartheta_3 = \operatorname{arctg} \frac{y-b}{x+a},$$

$$\vartheta_4 = \operatorname{arctg} \frac{y+b}{x+a}.$$

Für die arc-Funktionen ist stets der Hauptwert zu nehmen:

$$-\frac{\pi}{2} \leq \vartheta_i \leq +\frac{\pi}{2}.$$

Die Bedeutung der Größen r_i ($i = 1, 2, 3, 4$) ist der Abb. 29 zu entnehmen. Die Ableitungen nach y folgen aus jenen für x durch Vertauschung von x und y und von a und b.

Zunächst prüft man mit Hilfe der Ausdrücke (X, 6) und unter benützung der Gleichungen

arctg φ + arctg $\dfrac{1}{\varphi} = \dfrac{\pi}{2}$ für $\varphi > 0$ und arctg φ + arctg $\dfrac{1}{\varphi} = -\dfrac{\pi}{2}$ für $\varphi < 0$

unmittelbar nach, daß die Gl. (X, 3) sowohl innerhalb wie außerhalb des Einschlusses erfüllt ist.

Weiters entnimmt man aus Gl. (X, 6), daß für $x \to \infty$ bzw. $y \to \infty$ alle Ableitungen und damit auch die Verschiebungen und Spannungen verschwinden, wie es sein muß. Ebenso verschwinden die Verschiebungen in $x = 0$ und $y = 0$. In den Ecken $x = \pm a$, $y = \pm b$ ergeben sich unendlich große Schubspannungen.

Man prüft auch leicht nach, daß die Unstetigkeiten der in die Tangentialebene der Begrenzungsfläche fallenden Spannungen σ_{xx} (längs $y = \pm b$) bzw. σ_{yy} (längs $x = \pm a$) den Gleichungen (X, 2) entsprechen.

3. Wärmespannungen im Halbraum mit kugeligem Einschluß[1]. Im Halbraum $z \geq 0$, Abb. 30, liege im Abstand c unter der Oberfläche ein kugelförmiger Einschluß (Radius $a \leq c$) mit gleichen elastischen Eigenschaften wie der umgebende Körper, aber verschiedener Wärmedehnungszahl. Einschluß und Körper werden gleichmäßig um die konstante Temperatur T_0 erwärmt.

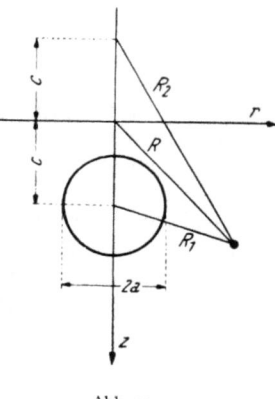

Abb. 30.

Als Vorbereitung zur Lösung der Aufgabe behandeln wir den kugeligen Einschluß im allseits unendlich ausgedehnten Körper. Für das Verschiebungspotential Φ gelten dann die Gleichungen

$$\Delta \Phi = \dfrac{1+\mu}{1-\mu} \eta\, T = \begin{cases} \dfrac{1+\mu}{1-\mu} \eta\, T_0 \text{ in } R_1 < a, \\ 0 \text{ in } R_1 > a, \end{cases} \quad (X, 7)$$

wobei mit R_1 der Abstand vom Kugelmittelpunkt bezeichnet sei. Das Problem ist kugelsymmetrisch, $\Delta \Phi$ hat also die Form

$$\Delta \Phi = \dfrac{1}{R_1^2} \dfrac{d}{dR_1}\left(R_1^2 \dfrac{d\Phi}{dR_1}\right).$$

Damit ergibt sich:

innerhalb des Einschlusses, $R_1 < a$: $\dfrac{d\Phi_i}{dR_1} = \dfrac{1+\mu}{1-\mu} \eta\, T_0 \left(\dfrac{R_1}{3} + \dfrac{c_1}{R_1^2}\right)$,

außerhalb des Einschlusses, $R_1 > a$: $\dfrac{d\Phi_a}{dR_1} = \dfrac{c_2}{R_1^2}$.

(X, 8)

Die Radialverschiebung $u = \dfrac{\partial \Phi}{\partial R_1}$ muß im Kugelmittelpunkt $R_1 = 0$ wegen der Polarsymmetrie verschwinden, es ist also $c_i = 0$. Weiters

---
[1] MINDLIN-CHENG.

müssen an der Grenzfläche $R_1 = a$ die Verschiebungen stetig ineinander übergehen:
$$\frac{d\Phi_i}{dR_1} = \frac{d\Phi_a}{dR_1} \quad \text{für} \quad R_1 = a,$$
woraus
$$c_2 = \frac{1+\mu}{1-\mu} \eta T_0 \frac{a^3}{3}$$
folgt. Schließlich müssen für $R_1 \to \infty$ alle Ableitungen von Φ_a verschwinden (Verschwinden der Verschiebungen und Spannungen im Unendlichen). Man erkennt, daß diese Bedingung bereits erfüllt ist.

Nunmehr wenden wir uns der eigentlichen Aufgabe, dem kugeligen Einschluß im Halbraum zu. Wir müssen erwarten, daß es uns mit Hilfe des thermischen Verschiebungspotentials allein nicht gelingen wird, die gegenüber dem unendlich ausgedehnten Körper noch hinzukommenden Randbedingungen, nämlich Verschwinden der Spannungen σ_{zz} und σ_{rz} längs der Oberfläche $z = 0$, zu erfüllen. Es wird sich dann als notwendig erweisen, noch weitere Lösungen zu überlagern.

Wir verwenden Zylinderkoordinaten r, φ, z. Die Ebene $z = 0$ fällt mit der Körperoberfläche zusammen, die z-Achse geht durch den Kugelmittelpunkt. Das Problem ist axialsymmetrisch.

Das thermische Verschiebungspotential für den Körper $z \geq 0$, $R_1 > a$ ist gemäß der zweiten Gl. (X, 8):
$$\Phi_a = -\frac{1+\mu}{1-\mu} \eta T_0 \frac{a^3}{3 R_1} \tag{X, 9}$$
mit
$$R_1 = \sqrt{r^2 + (z-c)^2}. \tag{X, 10}$$
Zu diesem Verschiebungspotential gehören nach Gl. (VIII, 9), wenn noch zur Abkürzung
$$K = 2G \frac{1+\mu}{1-\mu} \frac{a^3}{3} \eta T_0 \tag{X, 11}$$
gesetzt wird, die Spannungen
$$\left.\begin{array}{l} \bar{\sigma}_{zz} = -K \left[\dfrac{3(z-c)^2}{R_1^5} - \dfrac{1}{R_1^3}\right], \\[2mm] \bar{\sigma}_{rz} = -K \dfrac{3r(z-c)}{R_1^5}. \end{array}\right\} \tag{X, 12}$$

Man sieht, daß in $z = 0$, wie erwartet, keine der beiden Spannungen verschwindet, die Oberfläche also nicht spannungsfrei ist. Wir müssen deshalb einen weiteren (temperaturfreien) Spannungszustand überlagern, der diese Randspannungen wieder zum Verschwinden bringt.

Diesen zweiten Spannungszustand wollen wir uns wie in Abschn. VIII, 2 mit Hilfe der LOVEschen Verschiebungsfunktion beschaffen. Hierbei haben wir aber darauf zu achten, daß er für den ganzen Halbraum $z \geq 0$ *einschließlich* des Einschlusses $R_1 < a$ gelten muß und daher in $z \geq 0$ nirgends eine Singularität aufweisen darf. Um dies zu erreichen, denken wir uns den Kugelmittelpunkt $R_1 = 0$ an der Ebene $z = 0$ gespiegelt und führen den Abstand
$$R_2 = \sqrt{r^2 + (z+c)^2} \tag{X, 13}$$
ein, der an der Oberfläche $z = 0$ mit R_1 gleich wird.

Wärmespannungen im Halbraum mit kugeligem Einschluß.

Die LOVEsche Funktion setzen wir nun versuchsweise in der Form an

$$L = A \log (R_2 + z + c) + B \frac{z}{R_2} \qquad (X, 14)$$

mit zunächst noch beliebig wählbaren Konstanten A und B. Da R_2 im Körper $z \geqq 0$ nirgends verschwindet, tritt dort keine Singularität auf.
Man überzeugt sich zunächst an Hand der nachstehend zusammengestellten ersten und zweiten Ableitungen von L, daß diese Funktion, wie es sein muß, der Bipotentialgleichung $\Delta \Delta L = 0$ genügt, mit

$$\Delta = \frac{\partial^2}{\partial r^2} + \frac{1}{r} \frac{\partial}{\partial r} + \frac{1}{r^2} \frac{\partial^2}{\partial \varphi^2},$$

$$\frac{\partial L}{\partial r} = A \frac{r}{R_2 (R_2 + z + c)} - \frac{B r z}{R_2^3}, \quad \frac{\partial L}{\partial z} = \frac{A}{R_2} + B \left[\frac{1}{R_2} - \frac{z (z + c)}{R_2^3} \right],$$

$$\frac{\partial^2 L}{\partial r^2} = A \frac{R_2 (z + c) - r^2}{R_2^3 (R_2 + z + c)} + B \left[\frac{3 r^2 z}{R_2^5} - \frac{z}{R_2^3} \right],$$

$$\frac{\partial^2 L}{\partial r \partial z} = - A \frac{r}{R_2^3} + B \left[\frac{3 r z (z + c)}{R_2^5} - \frac{r}{R_2^3} \right],$$

$$\frac{\partial^2 L}{\partial z^2} = - A \frac{z + c}{R_2^3} + B \left[\frac{3 z (z + c)^2}{R_2^5} - \frac{3 z + 2 c}{R_2^3} \right],$$

$$\Delta L = - \frac{2 B (z + c)}{R_2^3}.$$

Mit Hilfe der Gl. (VIII, 10) erhält man nun aus L die Spannungen

$$\sigma_{zz} = \frac{2 G}{1 - 2 \mu} \Bigg\{ A \left[\frac{1}{R_2^3} - \frac{3 (z + c)^2}{R_2^5} \right] + $$

$$+ B \left[(2 - \mu) \left(\frac{6 (z + c)^2}{R_2^5} - \frac{2}{R_2^3} \right) + \frac{3}{R_2^3} + \right.$$

$$\left. + \frac{15 z (z + c)^3}{R_2^7} - \frac{9 (z + c) (2 z + c)}{R_2^5} \right] \Bigg\},$$

$$\sigma_{rz} = \frac{2 G}{1 - 2 \mu} r \Bigg\{ - A \frac{3 (z + c)}{R_2^5} + B \left[(1 - \mu) \frac{6 (z + c)}{R_2^5} + \right.$$

$$\left. + \frac{15 z (z + c)^2}{R_2^7} - \frac{3 (3 z + 2 c)}{R_2^5} \right] \Bigg\}.$$

Die Oberfläche des Halbraumes muß spannungsfrei sein:

$$\bar{\sigma}_{zz} + \sigma_{zz} = 0, \quad \bar{\sigma}_{rz} + \sigma_{rz} \text{ in } z = 0.$$

Dies liefert, wenn wir zur Abkürzung $\sqrt{r^2 + c^2} = \varrho$ schreiben, die beiden Gleichungen

$$K \left(\frac{1}{\varrho^3} - \frac{3 c^2}{\varrho^5} \right) - \frac{2 G}{1 - 2 \mu} [- A + (1 - 2 \mu) B] \left(\frac{1}{\varrho^3} - \frac{3 c^2}{\varrho^5} \right) = 0,$$

$$- K \frac{r c}{\varrho^5} + \frac{2 G}{1 - 2 \mu} [A + 2 \mu B] \frac{r c}{\varrho^5} = 0.$$

Die Gleichungen lassen sich identisch in r erfüllen und liefern

$$\frac{2 G}{1 - 2 \mu} A = (1 - 4 \mu) K, \qquad \frac{2 G}{1 - 2 \mu} B = 2 K. \qquad (X, 15)$$

Damit ist die Aufgabe gelöst. Die endgültigen Spannungen $\sigma = \bar{\sigma} + \bar{\bar{\sigma}}$ für den Körper außerhalb des Einschlusses ($R_1 > a$) sind

$$\left.\begin{aligned}\sigma_{zz} &= K\left[\frac{1}{R_1^3} - \frac{3(z-c)^2}{R_1^5} - \frac{1}{R_2^3} + \frac{3(z+c)^2}{R_2^5} - \right.\\ &\quad \left. - \frac{18z(z+c)}{R_2^5} + \frac{30z(z+c)^3}{R_2^7}\right],\\ \sigma_{rz} &= 3Kr\left[\frac{10z(z+c)^2}{R_2^7} - \frac{3z+c}{R_2^5} - \frac{z-c}{R_1^5}\right],\\ \sigma_{\varphi\varphi} &= K\left[\frac{1}{R_1^3} + \frac{3-8\mu}{R_2^3} + \frac{12\mu(z+c)^2}{R_2^5} - \frac{6z(z+c)}{R_2^5}\right],\\ \sigma_{rr} &= \sigma_{\varphi\varphi} - 3Kr^2\left[\frac{1}{R_1^5} + \frac{3-4\mu}{R_2^5} - \frac{10z(z+c)}{R_2^7}\right].\end{aligned}\right\} \quad (X, 16)$$

Die Spannungen innerhalb des Einschlusses ($R_1 < a$) lassen sich analog, nämlich durch Überlagerung der von Φ_i und L abgeleiteten Spannungen berechnen. Da sie praktisch weniger Interesse bieten, sei von ihrer Wiedergabe abgesehen.

Anhang.

Tabelle der elastischen und thermischen Konstanten einiger technisch wichtiger Stoffe.

Elastische und thermische Konstanten einiger technisch wichtiger Stoffe.

Metalle	Dichte[1]	Elastizitätsmodul E		Querzahl μ	Wärmedehnzahl α		Spezifische Wärme c[2]	Wärmeleitfähigkeit λ		Temperaturleitfähigkeit a	
		kg/cm²	lb/in²		1/°C	1/°F		kcal/cm, h, °C	BTU/in, h, °F	cm²/h	in²/h
Aluminium, rein	2,7				24×10^{-6}	$13,5 \times 10^{-6}$		1,90	10,7	3200	500
Duralumin	2,8	$7,2 \times 10^5$	$10,2 \times 10^6$		25	14	0,22	1,37	7,7	2200	340
Silumin	2,6				22	12		1,33	7,5	2300	360
Blei	11,3	$1,7 \times 10^5$	$2,4 \times 10^6$		29	16	0,03	0,30	1,7	880	136
Eisen, rein	7,88							0,50	2,8	580	90
C-Stahl	7,85	$2,1 \times 10^6$	3×10^7		12	6,7	0,11	0,40	2,2	460	71
leg. Stahl				o,3 für alle Metalle				0,20	1,1	230	36
Gußeisen	7,7	7×10^5	1×10^7		10	5,6	0,13	0,46	2,6	460	71
Gold	19,3	8×10^5	$1,1 \times 10^7$		14	7,8	0,03	2,70	15	4700	730
Kupfer, rein	8,93	$1,3 \times 10^6$	$1,8 \times 10^7$		17	9,5		3,40	19	4200	650
Bronze, 90/10	8,8	$1,2 \times 10^6$	$1,7 \times 10^7$		18	10	0,09	0,80	2	450	70
Messing 60/40	8,5	8×10^5	$1,1 \times 10^7$		19	10,5		0,30	4,5	1050	163
Magnesium	1,74	$4,1 \times 10^5$	$5,8 \times 10^6$		26	14,5		1,40	7,8	3200	500
Gußlegierung	1,76	$4,4 \times 10^5$	$6,2 \times 10^6$		25	14	0,25	0,70	3,9	1600	250
Knetlegierung		$4,5 \times 10^5$	$6,4 \times 10^6$					0,50	2,8	1140	176
Nickel, rein	8,8	2×10^6	$2,8 \times 10^7$		13	7,2		0,50	2,8	520	81
Eisen-Nickel-Leg. 5 Ni	8,0	$2,1 \times 10^6$	3×10^7		12	6,7	0,11	0,30	1,7	340	53
„ „ 20 „	8,1				5	2,8		0,16	0,9	180	28
„ „ 36 „	8,2	2×10^6	$2,8 \times 10^7$		2	1,1		0,10	0,6	110	17
Monelmetall	8,9	$6,6 \times 10^5$	$9,4 \times 10^6$		14	7,8	0,10	0,20	1,1	220	34

Platin	21,5	1,7×10⁶	2,4×10⁷		9	5	0,03	0,60	3,4	930	144
Silber	10,5	8×10⁵	1,1×10⁷		20	11	0,06	3,60	20	5700	880
Zink	7,13	1×10⁶	1,4×10⁷		26	14,5	0,09	1,00	5,6	1550	240
Zinn	7,28	5,5×10⁵	7,8×10⁶		27	15	}0,05	0,55	3,1	1510	230
Lagermetall 80 Sn	7,5				24	13,5		0,20	1,1	530	82
Nichtmetalle											
Beton	2,0	2,1×10⁵	3×10⁶	0,2	12	6,7	0,21	0,008	0,05	19	3
Eis	0,9						0,50	0,019	0,11	42	6,5
Fels, Sandstein	2,2	3×10⁵	4,3×10⁶		9	5	}0,19	0,012	0,07	29	4,5
Kalkstein	2,7	7×10⁵	1×10⁷		8	4,5		0,014	0,08	27	4,2
Granit	2,7	5×10⁵	7×10⁶		8	4,5		0,027	0,15	53	8,2
Glas, Spiegelglas	2,5	7×10⁵	1×10⁷		8	4,5	0,18	0,007	0,04	16	2,5
Quarzglas	2,2			0,22	0,4	0,2	0,17	0,010	0,06	27	4,2
Kunststoffe:											
Celluloid	1,40	1,8×10⁴	2,6×10⁵		100	60	0,37	0,001	0,006	6	0,9
Phenolharz, Typ Z	1,35	8×10³	1,1×10⁵		20	11	0,20	0,003	0,02	20	3,1
Porzellan	2,45	8×10⁵	1,1×10⁵		3	1,7	0,20	0,010	0,06	20	3,1
Ziegelmauerwerk	2,7	3×10⁴	4×10⁵		3	1,7	0,20	0,007	0,04	13	2
Umrechnungsfaktor		×14,2→			×0,556→			×5,6→		×0,155→	

[1] Bezogen auf Wasser von 4° C und 860 mm Hg.

[2] In kcal/kg, °C = BTU/lb, °F.

Die Zahlenwerte können im allgemeinen bis Temperaturen von etwa 200° C verwendet werden. Bei höheren Temperaturen tritt starke Temperaturabhängigkeit aller Größen auf.

Literaturverzeichnis.

A. Wärmeleitung.

Betz, A.: Konforme Abbildung. Berlin-Göttingen-Heidelberg: 1948.
Carslaw, H. S. and Jaeger, J. C.: Conduction of Heat in Solids. Oxford: 1947.
Doetsch, G.: (1) Tabellen zur Laplace-Transformation. Berlin-Göttingen-Heidelberg: 1947.
— (2) Handbuch der Laplace-Transformation. Basel: 1950.
Dusinberre, G. M.: Numerical analysis of heat flow. New York: 1949.
Fürth, R.: Wärmeleitung und Diffusion. In Frank-Mises: Die Differential- und Integralgleichungen der Mechanik und Physik. Bd. II, Braunschweig: 1935.
Gröber, H. und Erk, S.: Die Grundgesetze der Wärmeübertragung. Berlin: 1933.
Jacob, M.: Heat transfer. Vol. I. New York: 1949.
Kober, H.: Dictionary of conformal representations. New York: 1952.
Southwell, R. V.: Relaxation methods in theoretical physics. Oxford: 1946.
Ten Bosch, M.: Die Wärmeübertragung. Berlin: 1936.

B. Wärmespannungen.

Aleck, J.: Thermal stresses in a rectangular plate clamped along an edge. J. Appl. Mech. 16, 118 (1949).
Alibrandi, P.: Sulla elasticità dei solidi, complicata da variazione di temperatura. Giornale di matem. 38, 77 (1900).
Almansi, E.: Sulla deformazione di una sfera elastica sogetto al calore. Torina Atti 32, 963 (1897).
Arienti, R.: Wärmespannungen in einer frei ausdehnbaren, mit Heizrohren durchsetzten Platte. (Italienisch.) Termotecnica 4, 484 (1950).
Arredi, F.: Wärmespannungen in Staumauern. (Italienisch.) G. Gen. civ. 85, 55 (1947).
Barker, L. H.: The calculation of temperature stresses in tubes. Engineering 124, 443 (1927).
Basch, A. und Leon, A.: Über die Temperaturspannungen in einer Hohlkugel bei stationärer Wärmeströmung. Z. Österr. Ing.- u. Arch.-Ver. 59, 717 (1907).
Benischek, J.: Allgemeine Berechnung der Spannungen in einem durch inneren Überdruck belasteten und von außen ungleichmäßig erwärmten, kreisförmig gekrümmten Rohre. Österr. Ingenieur-Arch. 5, 117 (1951).
Biot, M.: (1) Propriété générale des tensions thermiques en régime stationnaire dans les corps cylindriques. Ann. Soc. Sci. Bruxelles B 54, 14 (1935).
— (2) A general property of two dimensional thermal stress distribution. Philos. Mag. VII, s. 19, 540 (1935).
— (3) Distributed gravity and temperature loading in two dimensional elasticity replaced by boundary pressures and dislocations. J. Appl. Mech. 57, A-41 (1935).

BOCK, PH.: Die Wärmespannungen eines endlichen Zylinders unter dem Einfluß einer periodisch veränderlichen Temperaturverteilung. Mitt. Hauptver. Deutsch. Ing. in der Tschechoslowak. Republik **27**, 94 u. 114 (1938).
BRILLOUIN, L.: On thermal dependence of elasticity in solids. Phys. Rev. II, s. **54**, 916 (1938).
BROWN, W. B. and LIVINGOOD, J. N. B.: Analysis of spanwise temperature distribution in three types of air-cooled turbine blade. NACA-Rep. 994 (1950).
BURGATTI, P.: Teoria matematica della elastica. Bd. III. Bologna: 1931.
CAPLAN, M. C., JOLLEY, L. B. W. and REEMANN, J.: Some internal stresses in turbine rotors. Inst. Metals Monogr. Rep. Ser. **5**, 139 (1948).
CARLIER, H.: Beitrag zur Untersuchung von Rohren bei hohen Temperaturen. (Französisch.) Chaleur Industrie **33**, 139 (1952).
CHENG, C. M.: Resistance to thermal shock. J. Amer. Rocket Soc. **21**, 147 (1951).
CORLETT, E. S. B.: Thermal expansion effects in composite ships. Trans. Inst. nav. Archit. London **92**, 376 (1950).
DANILOVSKAYA, V. I.: (1) Wärmespannungen im elastischen Halbraum, verursacht durch plötzliche Erwärmung der Oberfläche. (Russisch.) Prikl. Mat. Mekh. **14**, 316 (1950).
— (2) Über ein dynamisches Problem der Thermoelastizität. (Russisch) Prikl. Mat. Mekh. **16**, 341 (1952).
DANUSSO, A.: Le autotensioni. Rend. Semin. met. fis. Milano **8**, 217 (1934).
DEMIRDASH, J. A.: The stresses due to a nonuniform change in the temperature of a truss. Publ. Int. Assn. Bridge Struct. Eng. **9**, 105 (1949).
DEN HARTOG, J. P.: Temperature stresses in flat rectangular plates and in thin cylindrical tubes. J. Franklin Inst. **222**, 149 (1936).
DINNIK, A. N.: Anwendung der Bessel'schen Funktionen zur Lösung von Aufgaben der Elastizitätstheorie. Eakterinoslav, Izvestija Gorn. Inst. 11/2, 1—137 (1915, 1916).
DOMKE, O.: Die Ergänzungsenergie elastischer Systeme. Eisenbau **12**, 100 (1921).
DUHAMEL, I. M. C.: Mémoire sur le calcul des actions moléculaires développées par les changements de température dans les corps solides. Mémoires présentés par divers savant **5**, 440 (1838).
DURHAM, F. P.: The effect of flight and configuration variables on thermal stresses in diamond-shaped supersonic wings. J. Aeron. Sci. **18**, 755 (1951).
EICHELBERG, G.: Temperaturverlauf und Wärmespannungen in Verbrennungsmotoren. VDI-Forschungsheft 263. Berlin: 1923.
EISENHARDT, G. H. and ROHSENOW, W. M.: Calculation of thermal stresses in a wedge-shaped wing. J. Aeron. Sci. **18**, 115 (1951).
EDWARDS, R. H.: Stress concentrations around spherical inclusions and cavities. J. Appl. Mech. **18**, 19 (1951).
FINKELSTEIN, B. N.: Bedingungen für die Bildung plastischer Verformung in Körpern einfachster Form, die von der Oberfläche her plötzlich abgekühlt werden. (Russisch.) J. Techn. Phys. **18**, 1026 (1948).
FINZI-CONTINI, B.: Sulle autotensioni termiche nei prismi eterogenei a fibre isotrope isoterme. Ist. Lombardo, Rend., III, s. **73**, 599 (1940).
GATEWOOD, B. E.: (1) Thermal stress in long cylindrical bodies. Phil. Mag. VII, **32**, 282 (1941).
— (2) Note on the thermal stresses in a long circular cylinder of $m + 1$ concentric materials. Quart. Appl. Mech. **6**, 84 (1948).
GIOVANNOZZI, R.: Untersuchung der Wärmespannungen in konischen Scheiben, in Scheiben mit konstanter Dicke und in Scheiben mit beliebigem Profil, durch Zerlegung in Teilscheiben. (Italienisch.) Aerotecnica **30**, 308 (1950).

GOODIER, J. N.: (1) The thermal stress in a strip. Physics 7, 156, (1936).
— (2) On the integration of the thermo-elastic equations. Philos. Mag. VII, 23, 1017 (1937).
— (3) Thermal stress. J. Appl. Mech. 4, 33 (1937).
GOSSARD, M. L.: SEIDE, P. and ROBERTS, W. M.: Thermal buckling of plates. NACA Techn. Note 2771, 1952.
GRIGOLYUK, E. I.: Einige Probleme der Stabilität von Kreisplatten bei ungleichmäßiger Erwärmung. (Russisch.) Inzhener. Sbornik Akad. Nauk SSSR. 6, 73 (1950).
GRÖBNER, W.: Condotta forzata scavata in roccia. Energia elettr. 16, 595 (1939).
GRÜNBERG, G.: Über die in einer isotropen Kugel durch ungleichförmige Erwärmung erregten Spannungszustände. Z. f. Physik 35, 548 (1925).
HELDENFELS, R. H.: (1) The effect of nonuniform temperature distribution on the stresses of stiffened-shell structures. NACA Techn. Note 2240, 1950.
— (2) A numerical method for the stress analysis of stiffened shell structures under nonuniform temperature distribution. NACA Techn. Note 2241, 1950.
HILTON, H. H.: Thermal stress in media exhibiting temperature dependent viscoelastic properties. First U. S. National Congress of Applied Mechanics. Chicago: 1951.
HOFFMAN, O.: Sugli sforzi termici nelle dighe. Energia Elettr. 12, 323 (1935).
HOLMS, A. G.: A biharmonic relaxation method for calculating thermal stress in cooled irregular cylinders. NACA Techn. Note 2434, 1951.
HONEGGER, E.: Über Eigenspannungen. STODOLA-Festschrift, S. 246. Zürich: 1929.
HOPKINSON, J.: On the stresses caused in an elastic solid by inequalities of temperature. Messenger of Math. 8, 168 (1879).
HORVAY, G.: (1) Thermal stresses in perforated plates. Gen. Elec. Knolls Atomic Power Lab. KAPL — 456 (1951).
— (2) Transient thermal stresses in circular disks. Gen. Elec. KAPL — 512 (1951).
— (3) Stresses in perforated sheets due to nonuniform heating. Gen. Elec. KAPL 566 (1951).
— (4) The plane-stress problem of perforated plates. J. Appl. Mech. 19, 355 (1952).
HOYLE, R. D.: (1) Temperature stresses in irregular solids. Nature 167, 30 (1951).
— (2) Transient temperature distribution in irregular solids and its effect upon stress. Imperial College of Science and Technology, London: 1952.
HUTH, J. H.: Thermal stresses in a partially clamped elastic half-plane. J. Appl. Phys. 23, 1234 (1952).
ILIFFE, C. E.: Thermal stresses in a rotating elastic solid of revolution. Engineer, London 192, 835 (1951).
JAEGER, J. C.: On thermal stresses in circular cylinders. Phil. Mag. 36, 418 (1945).
KACHANOV, L. M.: Elastisch-plastisches Gleichgewicht ungleich erwärmter dickwandiger Zylinder bei Innendruck-Beanspruchung. (Russisch.) J. Techn. Physics, Leningrad 10, 1167 (1940).
KAPPUS, R.: Zur Elastizitätstheorie endlicher Verschiebungen. Z. ang. Math. u. Mech. 19, 271 (1939).
KENT, C. H.: Thermal stresses. Trans. Am. Soc. Mech. Eng. 53, 167 (1931).
KERKHOF, W. P.: New stress calculations and temperature curves for integral flanges. 3rd World Petr. Congr., The Hague 1951, Proc. sec. VIII, 146.
KOMPANETZ, A. S.: Restspannungen in gehärteten zylindrischen Teilen. (Russisch.) J. Techn. Physics, Leningrad 9, 287 (1939).
KOSCHMIEDER, L.: Anwendung der Integralgleichungen auf eine thermoelastische Aufgabe. J. f. Math. 143, 285 (1914).
KRZENZIESSA, R.: Thermoelastische Randwertaufgaben. Math. Zs. 25, 209 (1926).

LARDY, P.: Das zweidimensionale Problem bei periodisch veränderlicher Temperatureinwirkung. Temperaturverteilung und Temperaturspannungen. Abhandl. Int. Ver. Brückenbau u. Hochbau **12**, 201 (1952).
LEBEDEW, N.: (1) Wärmespannungen in einem Kreisring. (Russisch) Prikl. Math. Mekh. **3**, 76 (1936).
— (2) Über die Wärmespannungen in der Elastizitätstheorie. (Russisch.) Prikl. Math. Mekh. **2**, 52 (1943).
LENNGREN, C. E.: Über Wärmespannungen in Kanonenrohren. (Schwedisch.) Artill. Tidskr. **80**, 87 (1951).
LEES, C. H.: The thermal stresses in solid and in hollow circular cylinders concentrically heated. Proc. Roy. Soc. (London) **100**, 379 (1922) and **101**, 411 (1922).
LELLI, M.: Sollecitazioni termiche nelle roccie attraversate da gallerie in pressione. Ann. Mat. pura appl. IV, **20**, 141 (1941).
LEON, A.: (1) Zur Theorie der Wärmespannungen runder Schornsteine. Allg. Ing.-Zeitung **8**, H. 12 u. 14 (1904).
— (2) Über Wärmespannungen. Der Bautechniker **26**, 968 (1905).
— (3) Schornsteinwärmespannungen. Z. VDI **51**, 1315 (1907).
— (4) Spannungen und Formänderungen eines Hohlzylinders und einer Hohlkugel unter Annahme eines linearen Temperaturverteilungsgesetzes. Z. f. Math. u. Physik **52**, 175 (1905).
LEOPOLD, W. R.: Centrifugal and thermal stresses in rotating disks. J. Appl. Mech. **15**, 322 (1948).
LIGHTHILL, J. and BRADSHAW, J.: Thermal stress in turbine blades. Phil. Mag. **40**, 770 (1949).
LORENZ, R.: Temperaturspannungen in Hohlzylindern. Z. VDI **51**, 743 (1907).
MANSON, S. S.: (1) Determination of elastic stresses in gas turbine disks. NACA-Rep 871 (1947).
— (2) The determination of elastic stresses in gas-turbine disks. NACA Techn. Note 1279 (1947).
— (3) Direct method of design and stress analysis of rotating disks with temperature gradient. NACA Techn. Note 1957 (1949).
MAISEL, W. M.: Eine Verallgemeinerung des BETTI-MAXWELLschen Theorems für Wärmespannungen mit Anwendungen (Russisch). C. R. Acad. Sci. USSR N. s. **30**, 115 (1941).
MARGUERRE, K. (1) Thermo-elastische Plattengleichungen. Z. ang. Math. u. Mech. **15**, 369 (1935).
— (2) Temperaturverlauf und Temperaturspannungen in platten- und schalenförmigen Körpern. Ing.-Arch. **8**, 216 (1937).
MAULBETSCH, J.: Thermal stresses in plates. J. Appl. Mech. **2**, A 141 (1935).
MELAN, E.: (1) Wärmespannungen in Scheiben. Österr. Ingenieur-Arch. **4**, 153 (1950).
— (2) Temperaturverteilungen ohne Wärmespannungen. Österr. Ingenieur-Arch. **6**, 1 (1951).
— (3) Wärmespannungen in einer Scheibe infolge einer wandernden Wärmequelle. Ingenieur-Arch. **20**, 46 (1952).
— (4) Einführung in die Baustatik, Abschn. V und VII. Wien: 1950.
— (5) Spannungen in Decken mit Strahlungsheizung. Abhdl. der Int. Vereinigung für Brückenbau und Hochbau, **11**, 337—345 (1951).
MELDAHL, A.: Welche Wärmespannungen sind beim Anheizen eines Gasturbinenrotors zu erwarten? Brown-Boveri-Mitteilungen **35** (1948).
MINDLIN, R. D., and COOPER, H. L.: Thermoelastic stress around a cylindrical inclusion of elliptic cross section. J. Appl. Mech. **17**, 265 (1950).

MINDLIN, R. D. and CHENG, D. H.: Thermoelastic stress in the semi-infinite solid. J. Appl. Phys. **21**, 931 (1950).
MÜLLER-Breslau, H.: Der Satz von der Abgeleiteten der idealen Formänderungsarbeit. Z. Arch. u. Ing. Verein Hannover **30**, 211 (1884).
MUSCHELISVILI, N.: Sur l'équilibre des corps élastiques soumis à l'action de la chaleur. Bull. de l'Université Tiflis Nr. 3 (1923).
MYKLESTAD, N. O.: Two problems of thermal stress in the infinite solid. J. Appl. Mech. **9**, 136 (1942).
NADAI, A.: Elastische Platten, S. 264 ff. Berlin: 1925.
NAKA, T.: Shrinking and cracking of welded joints. Japan Sci. Rev. **1**, 91 (1950).
NÉMETI, L.: Bleibende Verformungen an Siederohren. Ingenieur-Arch. **14**, 310 (1944).
NEUMANN, F.: Vorlesungen über die Theorie der Elastizität der festen Körper. Leipzig: 1885.
OBERTI, G.: Studi sperimentale delle azioni termiche in strutture con particolare riferimento alle dighe ad arco. Acta Pontif. Acad. Sci. Novi Lyncaei **88**, 183 (1935).
O'ROURKE, R. C., and SAENZ, A. W.: Quenching stresses in transparent isotropic media and the photoelastic method. Quart. Appl. Math. **8**, 303 (1950).
PALMBLAD, E.: Untersuchung der Wärmespannungen in einer unendlichen Scheibe. Mitt. Forschgsanst: GHH-Konzern **2**, 141 (1933).
PAPKOWITCH, P. F.: Allgemeines Integral der Wärmespannungen. (Russisch.) Prikl. Math. e. Mekh., N. s. **1**, 245 (1937).
PARKUS, H.: (1) Die Grundgleichungen der Schalentheorie in allgemeinen Koordinaten. Österr. Ingenieur-Arch. **4**, 160 (1950).
— (2) Über eine Erweiterung des HAMILTONschen Prinzipes auf thermoelastische Vorgänge. FEDERHOFER-GIRKMANN-Festschrift, S. 295. Wien: 1950.
— (3) Die Grundgleichungen der allgemeinen Zylinderschale. Österr. Ingenieur-Arch. **6**, 30 (1951).
— (4) Schweißspannungen in einer drehsymmetrischen Scheibe. ALFONS LEON-Gedenkschrift, S. 65. Wien: 1951.
— (5) Wärmespannungen in Rotationsschalen bei drehsymmetrischer Temperaturverteilung. Sitzungsber. Österr. Akad. Wiss., Abt. II a, **160**, 1 (1951).
— (6) Thermal stress in pipes. Journ. Appl. Mech. (im Druck).
PIPPARD, A. J. S.: Stresses in a restrained pipe-line. J. Inst. civ. Eng. **3**, 170 (1951).
POMERANCEV, A. A.: Verbiegung einer Schiene beim Erkalten. (Russisch.) Bull. Acad. Sci. USSR Ci. Sci. techn. **2**, 89 (1941).
PORITSKY, H.: (1) Analysis of thermal stresses in scaled cylinders and the effect of viscous flow during anneal. Physics **5**, 406 (1934).
— (2) Thermal stresses in cylindrical pipes. Philos. Mag. VII, s. **24**, 209 (1937).
PORITZKY, H. and HORVAY, G.: Stresses in pipe bundles. J. Appl. Mech. **18**, 241 (1951).
RAYLEIGH, Lord: On the stresses in solid bodies due to unequal heating and on the double refraction resulting therefrom. Philos. Mag. series 6, **1**, 169 (1901).
REQUA, K.: Beitrag zur Beurteilung von Temperaturfeld u. Wärmespannungen in mechanisch abgebremsten Scheiben. VDI-Forschungsheft 301. Berlin: 1928.
ROBINSON, K.: Elastic energy of an ellipsoidal inclusion in an infinite solid. J. Appl. Physics **22**, 1045 (1951).
RODGERS, O. E. and FLETCHER, J. R.: The determination of internal stresses from the temperature history of a butt-welded plate. J. Amer. Nr. 11, Weld. Soc. **17**, Weld. Res. Suppl. 4—7 (1938).
ROSENBLATT, A.: Über das allgemeine thermoelastische Problem. Rend. Palermo **29**, 321, (1910).
ROSOVSKI, M. I.: (1) Ebene Verformung mit elastischer Nachwirkung und Wärmeeffekt. (Russisch.) Nachr. Akad. d. Wiss. USSR **58**, 999 (1947).

Rosovsky, M. I.: (2) Wärmespannungen bei elastischer Nachwirkung. (Russisch.) J. tekh. Phis. **19**, 696 (1949).
Salzmann, F.: Wärmespannungen und -deformationen im elastischen Körper bei ebener stationärer Wärmeströmung. Z. ang. Math. u. Physik **3**, 129 (1952).
Schau, F.: Das Temperaturfeld und die Temperaturspannung im Siederohr. Z. Dampfkesselunters. u. Vers.-Ges. Wien (1932) u. (1935).
Schmeidler, W.: (1) Über die Wärmespannungen in einem Körper. Z. angew. Math. Mech. **28**, 54 (1948).
— (2) Zurückführung der Wärmespannungen in einem elastischen Körper auf ein Knick-Biegungsproblem. Z. angew. Math. Mech. **28**, 92 (1948).
Sen, B.: (1) Direct determination of stresses from the stress equations in some two dimensional problems of elasticity. II. Thermal stresses. Philos. Mag. VII, s. **27**, 437 (1939).
— (2) Stresses due to nuclei of thermoelastic strain in a thin circular plate. Bull. Calcutta math. Soc. **42**, 4, 253 (1950).
— (3) Note on the stresses produced by nuclei of thermoelastic strain in a semi-infinite elastic solid. Quart. Appl. Math. **8**, 365 (1951).
Sengupta, A. M.: Thermal stresses in isotropic circular disks of varying thickness rotating about a central axis. Bull. Calcutta math. Soc. **41**, 199 (1949).
Signorini, A.: Finite thermoelastic transformations. II, Ann. mat. pura. appl., (4), **30**, 1 (1949).
Sokolnikoff, I. S. und Sokolnikoff, E. S.: Thermal stresses in elastic plates. Trans. American Math. Soc. **45**, 235 (1939).
Stodola, A.: Zur Theorie der Wärmespannungen in dem Umfang nach ungleichmäßig erwärmten Rohren. Schweiz. Bauztg. **104**, 229 (1934).
Suhara, S.: Über die Spannungen in einer Kreisscheibe veränderlicher Dicke, deren Elastizitäts- und Wärmeausdehnungskoeffizienten Funktionen der Temperatur sind. (Japanisch.) Proc. Fac. Eng. Keiogijuku Univ. **1**, 43 (1948).
Tedone, O.: Allgemeine Theoreme der mathematischen Elastizitätslehre. Thermische Deformation. Encyklopädie d. math. Wiss. Bd. IV/2/II, S. 68.
Thomson, A. S.: Stresses in rotating disks at high temperature. J. Appl. Mech. **13**, 45 (1946).
Timoshenko, S.: Theory of Plates and Shells. New York: 1940.
Timoshenko, S. and Goodier, J. N.: Theory of Elasticity. Kapitel 14. New York: 1951.
Tremmel, E.: Wärmespannungen in Verbundbalken. Österr. Bauzeitschr. **7**, 1 (1952).
Treppschuh, H.: Die Berechnung der Eigenspannungen in gehärteten größeren Hohlzylindern aus Werkzeugstahl. Arch. Eisenhüttenwesen **13**, 429 (1940).
Tsien, H. S. and Cheng, C. M.: A similarity law for stressing rapidly heated thinwalled cylinders. J. Amer. Rocket Soc. **22**, 144, 167 (1952).
Tsien, H. S.: Similarity law for stressing heated wings. J. Aeron. Sc. **20**, 1 (1953).
Watanabe, M.: General analysis of welding stresses and their applications. Japan Sci. Rev. **2**, 139 (1951).
Weibel, E. E.: Thermal stresses in cylinders by the photoelastic method. Proc. 5. intern. Congr. Appl. Mech. 213 (1939).
Wittrick, W. H.: Stability of a bimetallic disk. Quart. Mech. Appl. Math. **6**, 15 (1951).
Zizicas, G. A.: Transient thermal stresses in thin isotropic elastic plates. Univ. Calif., Dept. Engng. Report 52—7, 1952.

SPRINGER-VERLAG IN WIEN I

Einführung in die Baustatik. Von Dipl.-Ing. Dr. techn. **Ernst Melan**, o. Professor an der Technischen Hochschule in Wien, wirkl. Mitglied der Österreichischen Akademie der Wissenschaften. Mit 242 Textabbildungen. X, 328 Seiten. 1950. Steif geheftet S 93.—, DM 28.50, $ 6.80, sfr. 29.— Halbleinen S 105.—, DM 31.50, $ 7.50, sfr. 32.50

Rahmentragwerke und Durchlaufträger. Von Dr. Ing. habil. **Richard Guldan**, o. Professor an der Technischen Hochschule Hannover. Fünfte, unveränderte Auflage. Mit 435 Textabbildungen und 58 Tafeln. XV, 359 Seiten. 1952. Ganzleinen S 168.—, DM 33.60, $ 8.—, sfr. 34.80

Ebene und räumliche Rahmentragwerke. Von Dr. Ing. **Viktor Kupferschmid**, Oberingenieur der Zentralverwaltung der Bauunternehmung Carl Brandt, Düsseldorf. Mit 252 Textabbildungen. VII, 196 Seiten. 1952.
Ganzleinen S 174.—, DM 35.70, $ 8.50, sfr. 37.—

Einflußlinien und Momente für Durchlaufträger und Rahmen. Diagramme. Von Dr. techn. **Wilhelm Valentin**, Ingenieurkonsulent für Bauwesen, Wien. Mit 55 Textabbildungen und 64 Tafeln. 67 Seiten. 1950.
Steif geheftet S 96.—, DM 24.—, $ 5.70, sfr. 24.50

Statik der Formänderungen von Vollwandtragwerken. Von Ing. **Leopold Herzka**, Wien. Mit zahlreichen Beispielen, 28 Tabellen und 122 Textabbildungen. V, 232 Seiten. 1948.
Steif geheftet S 210.—, DM 42.—, $ 10.—, sfr. 43.50

Summeneinflußwerte für den einfachen Balken und den symmetrischen Zweifeldträger für Straßenbrücken. Von Dr. Ing. **Friedrich Schweda**, Wien. Mit 46 Abbildungen im Text und in 10 Zahlentafeln. VI, 79 Seiten. 1952.
Steif geheftet S 88.—, DM 17.70, $ 4.20, sfr. 18.20

Einflußfelder elastischer Platten. Von Prof. Dipl.-Ing. Dr. techn. **Adolf Pucher**, Graz. 52 Tafeln mit VIII, 13 Seiten Text und 10 Textabbildungen. Quer-4^0. 1951. Ganzleinen S 120.—, DM 27.70, $ 6.60, sfr. 28.40

Dynamik des Bogenträgers und Kreisringes. Von Dr. **Karl Federhofer**, Professor an der Technischen Hochschule Graz. Mit 35 Textabbildungen und 26 Zahlentafeln. XII, 179 Seiten. 1950.
Steif geheftet S 96.—, DM 23.—, $ 5.50, sfr. 23.50

Zu beziehen durch jede Buchhandlung

SPRINGER-VERLAG IN WIEN I

Lehrbuch des Stahlbetonbaues. Grundlagen und Anwendungen im Hoch- und Brückenbau. Von Dipl.-Ing. Prof. Dr. techn. **Adolf Pucher**, Graz. Zweite, neubearbeitete und vermehrte Auflage. Mit etwa 320 Abbildungen. Etwa 350 Seiten. 1953. *Erscheint Ende 1953*

Neue rationelle Betonerzeugung. Leichtfaßliche Darstellung der wissenschaftlichen Betonsynthese nebst praktischen Anwendungsbeispielen und einem Praktikum der zielsicheren Betonbildung. Von Ing. **Ottokar R. Solvey**, Schwyz. Mit 14 Textabbildungen und 13 Tabellen. IX, 110 Seiten. 1949. Steif geheftet S 57.—, DM 13.—, $ 3.10, sfr. 13.30

Der Frost im Baugrund. Von Dr. sc. techn. **Robert Ruckli**, Dipl. Ing., Privatdozent an der Eidg. Techn. Hochschule Zürich, Inspektor des Eidg. Oberbauinspektorates Bern. Mit 112 Textabbildungen. XV, 279 Seiten. 1950. Steif geheftet S 189.—, DM 37.80, $ 9.—, sfr. 39.—

Stollen- und Tunnelbau. Eine Einführung in die Praxis des modernen Felshohlbaues. Von Dipl.-Ing. Dr. techn. **Walter Zanoskar**, Salzburg. Mit 74 Textabbildungen. X, 231 Seiten. 1950. Halbleinen S 122.—, DM 24.—, $ 5.80, sfr. 25.—

Tunnelbaugeologie. Die geologischen Grundlagen des Stollen- und Tunnelbaues. Von Ing. Dr. phil. **Josef Stini**, vormals Professor an der Universität in Graz. Mit 192 Textabbildungen. XI, 366 Seiten. 1950. Halbleinen S 150.—, DM 36.90, $ 8.80, sfr. 38.20

Mineralogie für Ingenieure des Tief- und Hochbaues und der Kulturtechnik. Von Dr. **Josef Stini**, Wien. Mit 78 Textabbildungen. VII, 121 Seiten. 1952. Steif geheftet S 60.—, DM 12.—, $ 2.90, sfr. 12.50

Korrosionstabellen metallischer Werkstoffe geordnet nach angreifenden Stoffen. Von Dr. techn. **Franz Ritter**, Leoben-Linz. Dritte, erweiterte Auflage. Mit 29 Textabbildungen. IV, 283 Seiten. 1952. Ganzleinen S 172.—, DM 34.50, $ 8.20, sfr. 35.60

Grundlagen der Architekturtheorie. Von Architekt Dipl.-Ing. Karl F. **Wieninger**, Wien. Mit 64 Textabbildungen. VII, 269 Seiten. 1950. Kartoniert S 88.—, DM 20.—, $ 4.80, sfr. 20.80

Zu beziehen durch jede Buchhandlung

MIX
Papier aus verantwortungsvollen Quellen
Paper from responsible sources
FSC® C105338

If you have any concerns about our products,
you can contact us on
ProductSafety@springernature.com

In case Publisher is established outside the EU,
the EU authorized representative is:
**Springer Nature Customer Service Center GmbH
Europaplatz 3, 69115 Heidelberg, Germany**

Printed by Libri Plureos GmbH
in Hamburg, Germany